绿洲科学丛书

冯起 主编

绿洲区生态安全与水土资源优化配置策略

魏伟 周亮 著

科学出版社

北京

内 容 简 介

本书从地理学和生态学理论出发，在总结河西走廊绿洲区生态安全状况基础上，针对绿洲生态系统的主要问题，重点介绍了国内外水土资源优化配置的理论和进展；简要介绍河西走廊绿洲区自然和社会经济本底及存在的生态安全问题，在此基础上通过定量方法分析了生态安全时空演变特征；重点介绍了通过不同模型实现绿洲区水土资源优化配置的方法、实现路径和优化策略。同时，以石羊河流域和黑河流域为案例，介绍了绿洲区生态安全与水土资源优化配置的过程和方法。

本书可作为地理学、生态学专业研究人员及从事国土空间规划相关人员的参考书目，也可作为地理、生态、遥感等相关专业高校学生学习参考用书。

审图号：甘 S（2024）524 号

图书在版编目（CIP）数据

绿洲区生态安全与水土资源优化配置策略／魏伟，周亮著. 北京：科学出版社，2024.11. --（绿洲科学丛书／冯起主编）. -- ISBN 978-7-03-079858-9

Ⅰ. X171.1；TV213.9；F323.211

中国国家版本馆 CIP 数据核字第 2024V5J862 号

责任编辑：林　剑／责任校对：樊雅琼

责任印制：徐晓晨／封面设计：无极书装

科 学 出 版 社 出版

北京东黄城根北街 16 号
邮政编码：100717
http://www.sciencep.com

北京九州迅驰传媒文化有限公司印刷
科学出版社发行　各地新华书店经销

*

2024 年 11 月第　一　版　开本：787×1092　1/16
2025 年 1 月第二次印刷　印张：13
字数：300 000

定价：188.00 元
（如有印装质量问题，我社负责调换）

总　序

　　绿洲指在荒漠背景基质上，以小尺度范围内具有相当规模的生物群落为基础，构成能够稳定维持的、具有明显小气候效应的异质生态景观，多呈条、带状分布在河流或井、泉附近，以及有冰雪融水灌溉的山麓地带。绿洲土壤肥沃、灌溉条件便利，往往是干旱地区农牧业发达的地方。我国绿洲主要分布在贺兰山以西的干旱区，是干旱区独有的地理景观，为人类的生产、生活提供基本的能源供应和环境基础，也是区域生态环境保持稳定的重要"调节器"，其面积仅占西部干旱区总面积的 4% ~ 5%，却养育了干旱区 90% 以上的人口，集中了干旱区 95% 以上的工农业产值和资源。

　　近年来，随着人类活动增强，绿洲数量、规模和空间分布发生了显著改变，其生态系统功能也发生了不同程度的变化，这种变化不仅反映了人类对干旱区土地的利用开发程度，更是对干旱区生态与资源环境承载力等问题的间接反映。人类活动对绿洲的影响包括直接影响和间接影响两个方面，直接影响主要是指人为对绿洲进行开发，导致水资源时空分布发生改变，从而导致绿洲和其他土地类型之间发生转变；间接影响是指地下水资源的过度开采，导致地下水资源不足，使得天然绿洲退化，土地荒漠化，而大量修建平原水库、灌溉干渠和农田漫灌，又使地下水位抬升，产生次生盐渍化和返盐现象，对绿洲的发展造成不利影响。因此科学分析和掌握绿洲的发展变化过程及由此产生的绿洲农业资源开发与环境问题、绿洲城镇格局演变与乡村聚落变迁、绿洲景观生态风险与安全、绿洲水土资源空间演变与空间优化配置等问题，对绿洲合理开发利用和实现绿洲生态环境持续健康发展具有重要的现实意义。

　　"绿洲科学丛书"是围绕干旱区绿洲变化和生态保护，实现干旱区绿洲高质量发展系列研究成果的集成。丛书试图从不同角度剖析干旱区绿洲在开发利用过程中的城镇发展格局与优化、乡村振兴与多元治理、农业资源利用与区划、绿洲生态安全与风险防控、绿洲土壤污染与修复、绿洲大数据平台开发与应用等关键问题，并从理论高度予以总结提升。该丛书的价值和意义在于，通过总结干旱区绿洲生产–生活–生态存在的问题及内在动因，探究绿洲社会经济发展与生态环境保护的协调关系，提炼绿洲区高质量发展和生态文明建设的实践与案例，提供有效防范因绿洲社会经济发展和资源环境的矛盾而引发的区域生态环境风险的应对及优化策略，提出解决绿洲城镇、乡村、农业、生态、环境统筹协调发展问题的新模式，为我国干旱区发展建设提供先行示范。

丛书致力于客观总结干旱区绿洲社会经济发展和生态文明建设的成绩与不足，力图为实现区域绿色发展，构建绿洲人与自然和谐共生提供理论依据与实践案例。丛书可为区域城乡规划管理、生态环境修复与治理、资源空间布局与优化等领域的专家学者和各级政府决策者提供干旱区绿洲高质量发展与生态文明建设的科学参考。

2024 年 5 月

目 录

生态安全与水土资源优化理论及研究进展

1.1 生 态 安 全

生态安全是指一国生态环境在确保国民身体健康、为国家经济提供良好的支撑和保障能力的状态，构成生态安全的内在要素包括：充足的资源和能源、稳定与发达的生物种群、健康的环境因素和食品。生态安全是人类社会面临的一个重要挑战，它涉及维护和保护生态系统的稳定与健康，以确保人类及其他生物物种能够在可持续的环境条件下生存和发展。

1.1.1 生态安全问题

随着现代工业文明的发展，人类社会虽然取得了巨大的物质财富和舒适的生活环境，但同时也对自然环境造成了严重的干扰和破坏。在过去的几十年中，许多国家和地区面临各种生态危机和环境问题，这些问题不仅涉及生物多样性的保护，还涉及土壤保持、水资源管理、气候变化适应等方面。

气候变化是当前最紧迫的环境挑战之一，全球变暖导致极端天气事件频发、海平面上升、冰川融化，已影响到人类的生活和经济活动。生物多样性的丧失也引发了广泛的关注，许多物种正面临灭绝的风险，这对生态系统的稳定造成了严重的威胁。北极冰层的消融已成为一个严重的问题。全球变暖导致北极地区的冰川融化，这对北极地区生态系统和极地动物的生存产生了巨大影响，并对全球气候系统产生了深远的影响。另外，土地荒漠化、水资源短缺、矿产资源枯竭、臭氧层破坏、海洋污染等问题也日益引起国际社会的广泛关注（图1.1）。

面对这些严峻的环境问题，国际社会越来越意识到生态安全的重要性，并加强了全球合作，以寻求解决方案。这包括通过国际协议和国内政策来减少温室气体排放，保护生物

图 1.1　生态环境问题

多样性和生态系统，推动可持续的自然资源管理，促进环境教育和环保意识提高等方面的努力。

1.1.2　生态安全内涵

生态安全作为非传统安全范畴，关乎人类自身生存、生物圈平衡及人与自然和谐共生关系，与经济安全、政治安全、社会安全等更多关注"人"或"社会"的全球和国家安全类别有所区别。生态安全表现出"人"、"社会"和"自然"交错融合的特点，因此，学者们综合多学科理论和知识对生态安全的特征进行了归纳，包括继承性、跨境性、严重性、滞后性、长期性、外部性、整体性、全球性、不可逆性、长期性等。角度和表述虽各有不同，但大致涵盖了以下几个方面。

第一，在影响范围方面，生态安全具有全球性特征。尽管受国际环境、秩序、制度等的影响，传统安全领域的国土安全、军事安全、政治安全等总体来看更多地呈现出区域性特征。相比之下，生态安全则更多地表现出全球性特征。这是因为生态系统体现了"相互照顾、共生互生"的生存语义，彰显了生生不息的精神和相互依存、共生共荣的整体性特点。生态安全超越国界，构建起了人类命运共同体存在的自然基础。生态危机不仅损害所在国家的利益，而且会影响其他国家甚至全球的利益，正如著名环境学家诺曼·迈尔斯所言："气候模式包括了整个世界，而风的流动不需要护照。"生态系统及其危害与生态安全的关联性和整体性决定了生态安全具有跨区域性和协同性。面对全球性的生态危机，各国和地区都面临着共同的需求与挑战，需要共同合作来谋求生存和发展。为了维护全球共同的生态安全，联合国环境与发展大会、联合国气候变化大会、联合国生物多样性大会等的举办是人类为此所做的努力。

第二，从本质上来看，生态安全具有政治性。①生态安全并不仅仅是关乎生态系统安全的问题，它实质上是一个政治问题。这是因为维护生态安全需要制定和执行政策、法律及国际合作机制，涉及各国政府、国际组织和利益相关者之间的协调与合作。决策的制定和执行在生态安全问题上起着关键作用。政治因素也在生态安全的国际层面上起着重要作用。国家之间的利益分歧、资源竞争和环境治理的协调都涉及政治因素。国际环境谈判和合作的成功与否常常取决于各国政治意愿和政策决策的协调。因此，生态安全问题需要在政治层面上得到解决，需要各国政府的政策支持和国际合作机制的建立。②生态安全问题也与政治稳定和社会发展密切相关。环境破坏和资源枯竭可能导致社会不稳与冲突，而政治稳定和社会发展则为生态系统的保护与恢复提供了必要的条件。因此，政治因素对于实现生态安全至关重要。③生态安全问题也可能引发社会政治问题。环境问题往往会成为引发政治动荡的直接诱因，研究表明，文明的衰落与气候变化、土地退化、资源枯竭等自然资源变化有关。④解决生态安全问题需要具备政治视野和手段。当前，人们普遍认识到生态安全是政治进程中的至高命令，保障地区和全球的生态安全已成为世界政治发展的重要组成部分，联合国及许多国家已将维护健康的环境质量、确保可持续的自然资源供给以及促进良好生态产品的共享纳入政治议题，并予以特别关注。

第三，从结构上看，生态安全具有综合性。生态安全是一个综合性的概念，涉及多个层面和因素。①在生态安全本身的结构上，它与传统的单一要素国家安全问题不同，它涵盖了森林、海洋、草原和农田四大生命系统，以及大气、水源和能源等矿产资源三大环境系统，这些生命系统和环境系统相互依存，构成了一个复杂的生态网络。因此，生态安全问题不仅仅是一个自然环境的问题，而是一个涉及特定生产关系和社会关系的重大社会、民生和政治问题。②生态安全问题的成因是多种因素叠加产生的，生态系统和社会系统的因素相互交织并相互作用。以干旱问题为例，过去主要是由大气环流异常所致，但如今我们必须考虑到人为引起的植被破坏、二氧化碳排放量增加、厄尔尼诺暖流等原因对干旱问题的影响。这显示了生态安全问题的复杂性和多维性。③解决生态安全问题需要综合运用政治、经济、文化、外交等多种手段，统筹国际和国内两个方面，形成协同优势和集成效应。生态安全与经济安全、政治安全、社会安全等安全要素相互贯通和互为表现，一旦生态安全出现疏漏，就会危及国家的军事、政治和经济安全。因此，维护生态安全需要在政治、经济、文化和外交等领域采取综合性的措施，同时还需要在国际合作和国内治理之间形成良好的协调机制。为了实现生态安全的维护，需要采取一系列措施：①加强环境保护和生态修复，恢复和维护生态系统的稳定和健康；②制定和实施相关的法律法规和政策措施，加强生态环境管理和监测体系的建设，确保各项环保措施的有效执行；③加强公众的环境教育和意识提高，增强全社会对生态安全的重视和参与；④加强国际合作，共同应对全球性的环境挑战，分享经验和技术，共同推动可持续发展和生态文明建设。

第四，从治理时间看，生态安全维护具有长期性。生态安全的维护是一个长期性的任务，与传统的国家安全问题如政治安全、军事安全等有所不同，传统安全问题通常较容易预测和研判，国际社会和各国可以根据各种显性特征判断其发展趋势并采取相应措施。然而，生态安全问题的形成、认识和治理需要更长的时间。究其原因，首先，生态安全问题是经过长期的自然演化和人地关系矛盾积累而形成的。例如，土地沙漠化和生物多样性减少等问题需要十几年甚至几十年的时间才能完全显现，具有很长的潜伏期。这意味着人们需要进行长期观察和研究，才能全面了解和认识这些生态问题的本质和严重性。其次，人类特别是执政者需要掌握人与自然协调发展的规律，并预见性地把握区域和全球范围内生态恶化所带来的生存与发展危机。

生态安全的维护是一个长期而复杂的过程，需要我们持续关注和努力。通过加强科学研究、政策制定和实践探索，加强监测和预警，加强环境保护和生态修复，推动可持续发展和绿色创新，加强国际合作和共享经验，我们可以逐步解决生态安全问题，实现人与自然的和谐共生。

1.1.3 河西走廊绿洲面临的生态安全问题

近年来，全球各地不断发生自然灾害，各种极端天气也频繁出现在人们的日常生活当中，各种生态环境问题也随之而来，不断挑战人类的极限，地球似乎已经不堪重负。河西走廊地区地处中国西北干旱区地带，随着经济的快速发展，各种生态环境灾害问题不断涌现（图1.2）。

1）水资源短缺。由于人口增长和社会经济发展，河西走廊地区的水资源消耗量大幅增加，水资源短缺问题日益突出。河西走廊平原区年降水量低于150mm，区域降水对水资源的贡献很小。地表水主要来自发源于祁连山脉的石羊河、黑河和疏勒河。近20年来各

图 1.2 河西走廊生态安全问题

流域出山径流量呈现增加趋势。根据《甘肃省水资源公报》和《甘肃省第三次水资源调查评价报告》成果，石羊河、黑河和疏勒河流域近 20 年（2001~2019 年）平均水资源量分别为 16.53 亿 m³、25.17 亿 m³ 和 24.13 亿 m³，全域平均地表水和地下水资源共 66.28 亿 m³。2019 年，区域内人均水资源量约为 1270m³，显著低于人均 1700m³ 的国际警戒线和 2100m³ 的全国平均水平。

2）防护林体系不能满足变化环境下的绿洲农业生产。河西走廊防护林是干旱区农田生态系统的重要屏障，在改善区域小气候、减轻和防御各种农业灾害、保证农业生产持续稳定等方面发挥着重要作用。随着干旱区生态建设工作不断深化、区域种植业结构调整和农业生产经营模式转变，农田防护林的功能和作用发生了一定变化。目前的防护林体系已不能很好满足新形势下干旱区经济、社会和生态发展需求。特别是随着河西走廊部分绿洲作物结构从以小麦为主调整为以玉米为主，对小麦生产影响严重的干热风已不是农业生产的主要气象灾害问题；现有 50m 左右宽度的防护林网设置导致林带附近玉米减产，不利于机械化操作和区域农业现代化发展等缺点显现。主要体现在：①林木树种单一、稳定性不高，导致防护林体系逐渐退化；②现有林网规格偏小，胁迫作物生长并制约区域农业现代化发展；③干旱区地下水位下降及农业节水技术普及，使防护林水分补给受到限制；④绿洲面积不断扩张，原有防护林体系需进一步延展。因此，在河西走廊绿洲快速扩张背景下，原有的防护林体系建设和水资源配置需要进一步优化，以适应新的绿洲格局，保护区域的生态安全和绿洲稳定。

3）绿洲规模扩张超过了水资源的承载能力。绿洲规模扩张是干旱区的主要问题，绿洲扩张较快地区既是干旱区人类活动最为频繁、人地关系最为敏感的区域，也是水资源与水环境问题最为突出的区域，已对区域农业发展和生态建设的可持续性形成挑战与威胁。河西走廊绿洲规模扩张主要是耕地面积增加所致，耕地面积从 1975 年的 0.99 万 km² 增加到 2019 年的 1.46 万 km²，增加了 47.4%，贡献了绿洲面积变化的 70.7%。其中，石羊河流域表现得尤为明显，较高的人口密度加之人口数量的持续增加，导致流域内耕地快速增长。如果按照多年平均水资源总量为 69.9 亿 m^3，多年平均农业用水占比 83.34%，单位面积农田用水定额 6000~6750 m^3/hm^2 匡算，则整个河西走廊灌溉农田面积应为 0.82 万~0.92 万 km^2，2019 年河西走廊水资源承载耕地面积超出 0.54 万~0.64 万 km^2。因此，在水资源总量有限情况下，绿洲规模扩张增加了区域农业生产用水和生活用水，在加剧区域水资源压力的同时也挤压了生态用水，阻碍了河西走廊绿洲社会经济和生态的可持续发展。

4）氮肥过量施用增加绿洲地下水污染风险。河西走廊传统绿洲农业具有单季农作物高产、化肥施用量和灌溉量较高的特点，尽管正在着力改变传统的"高产高水肥"的方式，但氮肥的过量施用导致浅层地下水硝酸盐含量增加的问题依然存在。据统计，河西走廊绿洲单季作物氮肥施用量超过 450kg/hm^2，甚至于部分区域为提高制种玉米收益，氮肥施用量达 600kg/hm^2。绿洲土壤的入渗率相对较高，导致氮肥容易随水分下渗。研究表明，在绿洲土壤质量较好的区域，氮肥损失率约为 40%，在沙质土壤区域氮肥损失率则可达 61%，这加剧了河西走廊绿洲地下水氮污染风险。2015 年张掖盆地浅层地下水硝酸盐浓度的平均值为 49.46mg/L，为 2004 年的 2.33 倍；硝酸盐浓度最大值达 283.32mg/L，为 2004 年最大值的 1.88 倍，远超《地下水质量标准》（GB/T 14848—2017）中Ⅲ类水（适用于集中式生活饮用水水源及工农业用水）限量值（20mg/L）。因此，"过量氮肥投入维持农业高产"的农田水肥生产方式，造成了河西走廊部分地区硝态氮淋失和地下水硝态氮超标，增加了区域地下水的污染风险。

5）长期地下水采补不平衡威胁区域生态安全。自从河西走廊内流河流域综合治理工程实施以来，地下水的开采量明显下降，但仍然不能恢复采补平衡。1999~2019 年，河西走廊绿洲降水量和出山径流量明显增加，地下水超采现象得到一定遏制，但地下水位累积深度相对较低，超采面积较大，地下水超采和采补不平衡问题依然比较严重。河西走廊绿洲降水量和年径流量处于增长趋势，武威、金昌、张掖、酒泉、嘉峪关、昌马河（昌马堡站）、黑河（莺落峡站）、杂木河（杂木寺）等地年降水量数据如表 1.1 所示。但从河西走廊武威、金昌、张掖、酒泉、嘉峪关等地用水量来看（表 1.2），2019 年用水总量达到 69.28 亿 m^3，地下水供给总量为 19.90 亿 m^3。地下水持续开采和补充不及时导致地下水采补不平衡。2019 年，河西走廊地下水开发利用程度较高，超采严重的区域主要分布在酒泉、张掖和武威三市，超采区面积达 1.33 万 km^2，约占甘肃省超采区面积的 81%；金昌昌宁盆地超采区水位下降，降幅为 1.94m，武威市民勤县、古浪县大靖盆地超采区降幅为 1.16~1.19m，酒泉超采区降幅为 1.17~2.33m。地表水资源不能满足地区生产生活需求，以及地下水采补不平衡依然是河西走廊地区水资源利用面临的主要问题。长此以往，区域地下水漏斗将持续形成，不仅影响着依赖浅层地下水的天然植被的稳定，而且对区域的生态安全造成威胁。

表 1.1　河西走廊等地 1999~2019 年降水量　　　　（单位：亿 m³）

地区/河流	1999 年	2019 年
武威	64.15	87.88
金昌	11.15	19.24
张掖	95.25	134.89
酒泉	160.69	254.41
嘉峪关	1.14	2.63
昌马河（昌马堡站）	12.85	16.91
黑河（莺落峡站）	16.22	20.64
杂木河（杂木寺）	1.68	2.91

表 1.2　2019 年河西走廊等地用水量　　　　（单位：亿 m³）

地区	用水量	地表水供给量	地下水供给量
武威	15.00	10.26	4.74
金昌	6.51	4.17	2.34
张掖	20.65	15.60	5.05
酒泉	24.79	18.15	6.64
嘉峪关	2.33	1.20	1.13

除此之外，还有如下一些其他的生态安全问题。

1）沙尘暴频发。近年来，河西走廊地区发生的沙尘暴事件明显增多，尤其是在春季，沙尘暴对人体健康和社会经济产生很大影响。且因年降水量低，多年干旱少雨，缺乏植被保护，容易形成强风天气。

2）土壤退化严重。长期干旱少雨导致河西走廊地区土壤肥力下降，养分流失严重。过度放牧和人为破坏导致地表植被大面积退化，失去保护地表免受风蚀和水蚀的功能。由于灌溉农业增多，人为开发利用不当，一些地下水被抽取过度，土壤中的盐分逐年累积，导致土壤发生二次盐渍化。长此以往，过度开采和不合理利用将导致河西走廊地区土壤结构破坏、肥力下降、荒漠化面积扩大。

3）生物多样性下降。由于人为因素的影响，河西走廊地区的许多珍稀动植物物种数量在减少，一些物种濒临灭绝。一些地方为开发建设，破坏了动植物的天然生存环境；还有一些地方工业和生活污水对动植物的生存产生不良影响。长期过度放牧导致地表植被退化，影响依赖此植被的动植物。气候变暖加剧干旱，不利于某些物种的生存。

4）生态功能区划分混乱。功能区划分标准不清晰，各类功能区界限不明显，导致生态功能受到破坏。

5）城市环境污染。随着工业化进程加快，一些城市的空气和水污染日益严重，对居民健康产生影响。

6）生态网络建设滞后。生态廊道、迁徙通道等建设不足，不同区域生态系统连通性差，生态环境总体呈下降趋势。尽管采取了一些保护措施，但河西走廊地区生态环境质量和承载能力仍整体呈下降趋势。

1.1.4　生态安全问题研究与实践

随着人类社会的快速发展和经济增长，生态环境问题日益加剧和恶化，已经上升为生态安全问题。生态安全问题的严重性引起了世界各国的高度关注，成为国际社会共同关注的焦点问题，在过去的几十年中，关于生态安全问题的研究和讨论不断增加，各国纷纷探索解决方案，以保护生态环境并确保人类社会的可持续发展。

1977年，美国著名的环境专家布朗（Brown）对生态环境安全进行了解释，并将环境安全问题纳入国家安全和国际政治的范畴。这一观点的提出意味着生态环境问题不仅仅是一种环境保护的议题，而是与国家安全和国际政治密切相关的重要议题，这使得生态安全问题得到更广泛的认知和重视。1987年，世界环境与发展委员会出版了《我们共同的未来》一书，该书对生态环境安全问题进行了系统的论述，强调了人类社会与自然环境之间的相互依存关系，并提出了可持续发展的概念。这一概念强调了在满足当前需求的同时，不能危害未来世代满足需求的能力。通过可持续发展的理念，人们开始认识到生态环境的破坏将对人类社会造成严重的影响，因此需要采取措施保护生态环境，确保人类社会的长期安全和发展。

随后的几十年里，世界各国在生态安全问题的研究和实践中取得了显著进展。在研究方面，学者们提出了不同的生态安全理论框架，并探索了评价方法和指标体系，以量化和评估生态安全状况。同时，各国也制定了一系列的法律法规和政策措施，加强生态环境监测和治理，推动生态保护和恢复工作。然而，尽管取得了一些成果，但生态环境破坏的速度和规模仍然令人担忧，全球气候变化等生态灾害的频发也给生态安全带来了新的挑战。此外，不同国家之间的经济发展水平和资源利用方式存在差异，国际合作和协调仍然面临一定的困难。因此，进一步加强生态安全问题的研究和实践具有重要意义。需要继续加强国际合作，共享经验和技术，制定更加科学和有效的政策措施，加强生态环境保护和恢复工作，推动可持续发展的实现。只有通过全球合作和共同努力，才能实现生态安全的目标，确保人类社会的可持续发展和未来的安全。

联合国环境与发展委员会在1992年通过的《21世纪议程》中阐明了生态安全概念已经扩展到了经济、政治和社会层面的安全，该议程将生态安全视为维护可持续发展的关键要素，并强调保护和恢复环境的重要性，以确保人类社会的繁荣和福祉。1991年，美国在其公布的《国家安全战略报告》中提出环境安全是国家安全的重要保障，并将环境安全列为国家安全的一个重要组成部分。这一观点强调了环境问题与国家安全之间的紧密联系，认识到环境破坏和资源竞争可能引发社会动荡、冲突和经济崩溃等安全威胁。美国国防部、能源部、国家环境保护局等组织和部门相继完成了一系列的研究报告，如《环境安全：通过环境保护加强国家安全》和《环境变化和安全项目报告》等，以探讨环境安全对国家安全的影响和应对策略。德国外交部、环境部和经济合作部于2000年完成了《环境和安全：通过合作预防危机》的研究报告。此外，加拿大、英国、比利时、日本等国家，以及北约、联合国等国际组织和私人基金也进行了大量的环境安全的研究工作。这些研究旨在深入了解环境变化、资源竞争和生态破坏对国家及全球安全的影响，并提出相应的政策和行动建议。

在我国，2000年，《全国生态环境保护纲要》明确提出了"维护国家生态环境安全"的发展战略和目标。生态环境安全是国家安全的重要基础，该纲要强调了保护生态环境对于维护国家长期稳定和可持续发展的重要性。为了进一步研究和制定相关战略，2003年，国家环境保护总局组织完成了《国家环境安全战略研究报告》。2014年4月15日，在中央国家安全委员会的第一次会议上，习近平总书记将生态安全纳入总体国家安全体系。这一决策表明我国政府高度重视生态安全问题，并将其放在国家安全的战略层面来考虑。在2024年3月5日举行的第十四届全国人民代表大会第二次会议上，国务院总理李强的政府工作报告指出要加强生态文明建设、推进绿色低碳发展，并提出了多项与生态安全相关的措施和目标。

这些国际和国内的研究和政策举措共同强调了生态安全对于维护国家安全和可持续发展的重要性，生态安全不仅仅涉及环境保护，还涉及经济的可持续发展、政治的稳定和社会的和谐。保护和恢复生态环境，合理利用资源，应对气候变化和其他环境挑战，都是确保生态安全的重要措施。此外，国际合作在解决全球生态安全问题方面也起着关键作用。各国之间需要加强信息共享、技术交流和经验分享，共同制定和落实环境保护和可持续发展的国际合作框架。综上所述，生态安全已经成为一个重要的全球议题，并得到了国际社会的广泛关注，各国努力通过研究、政策制定和国际合作解决生态安全问题，以保护环境、维护国家安全和推动可持续发展。

1.1.5　文明与生态安全

文明与生态的关系如同繁星与夜空，相互辉映，彼此依存。生态的繁荣为文明的进步提供养分，保证其持久健康发展；而文明的进步则反过来为生态保护提供智力支持和实践手段。然而，当生态遭到破坏，文明也将面临衰退和消亡的危机。当前全球面临的主要生态问题，如土地荒漠化、水污染、气候变化等，已经对人类社会的持续发展构成了严重威胁。这些问题不仅影响人类的生活质量，更对人类文明的发展构成阻碍。

土地荒漠化是指土地表面逐渐丧失植被覆盖，形成干旱、贫瘠的荒漠地区，这种现象导致了土地的贫瘠化，无法提供足够的粮食和资源，给人类的生存和发展带来了严重挑战。为了解决土地荒漠化问题，人们需要采取合理的土地管理措施，如植树造林、水土保持等，以保护土地的生态系统功能，确保粮食安全和可持续农业发展。水污染是指水体受到各种污染物的污染，导致水质恶化，无法提供清洁的饮用水。水污染不仅威胁人类健康，还对生态系统造成破坏，影响水生生物的生存和繁衍。为了保护水资源，人们需要加强水污染治理和水资源管理，推动可持续的水资源利用，减少污染物的排放，并提倡循环经济和清洁生产方式。气候变化是由人类活动导致的大气中温室气体浓度升高引发全球气候系统变化的现象，气候变化导致极端天气事件增多，如干旱、洪涝、飓风等，给农业、畜牧业、渔业等产业造成严重影响，破坏生态平衡。为了应对气候变化，全球社会需要加强减排措施，推动可再生能源的使用，加大能源效率改善的力度。同时，国际社会也需要加强合作，制定全球气候变化应对方案，实现全球目标的共同努力。

生态破坏不仅对人类的生活和发展产生直接影响，还可能引发社会动荡和冲突。资源的稀缺和竞争可能导致国家之间的紧张关系和冲突。因此，为了实现社会、经济和环境的可持续发展，必须从全球人类生存和发展的战略高度来关注生态安全。在实现生态安全的过程中，科学技术的创新和应用发挥着重要作用，通过科技创新，我们可以开发出更加环保和可持续的技术与解决方案，推动经济的绿色转型，减少环境污染和资源浪费。

同时，教育和意识提升对于生态问题的认识也至关重要。通过教育，可以增强人们的生态意识，培养人们对于生态环境的尊重和保护意识，从而鼓励个人和社会行为的可持续性。政府在制定政策和法律法规时也扮演着重要的角色。政府需要积极采取行动，建立和完善环境保护机构，制定严格的环保法律法规，并确保其有效执行。再者，政府还应该鼓励和支持可持续发展的经济模式和产业转型，促进清洁能源的发展和应用，推动循环经济的实践，以实现经济增长和生态保护的双赢局面。此外，国际合作也是解决全球生态问题的重要途径。各国应加强沟通和合作，共同应对气候变化、生物多样性保护等全球性挑战。国际组织和机构可以发挥重要作用，促进知识和技术的共享，提供资金和资源支持，推动全球环境治理的进程。

文明与生态是息息相关的，它们相互依存、相互促进。保护生态环境不仅是为了人类的生存和发展，也是为了维护和传承人类的文明。只有通过全球合作、科技创新、政策引导和个体意识的提升，我们才能实现社会、经济、环境的可持续发展，确保人类和地球的未来更加美好。

生态安全问题已经成为人类必须共同面对的、迫切需要解决的重大问题之一。它与社会安全、国防安全、经济安全等具有同等重要的战略地位，且生态安全是国防军事、政治和经济安全的基础和载体。在全球生态环境不断恶化的趋势下，维护生态安全是全球人类共同面临的重大课题。生态安全的概念涉及保护和维持生态系统的稳定性，维持生物多样性，以及保障人类社会的可持续发展。为了实现这一目标，开展生态安全理论研究，探索现代生态安全管理的实践经验和科学方法，既是科学理论研究的基本要求，也是人类社会发展的现实需要。

生态安全的重要性体现在多个方面。首先，生态系统是地球上生命存在和繁衍的基础，维护生态系统的稳定性对于维系人类社会的生存和发展至关重要。生态系统提供了许多生态服务，如水源的供应、空气的净化、土壤的肥沃和气候的调节等，这些生态服务直接影响着人类的健康、经济和社会福祉。其次，生态安全与社会安全紧密相关。生态环境的恶化可能导致资源的竞争和争端，甚至引发社会冲突和不稳定。例如，由于资源的稀缺和环境压力，一些地区可能会出现水源争夺、土地纠纷以及人口迁移等问题，进而引发社会动荡。因此，维护生态安全对于社会的稳定与和谐具有重要意义。

生态安全也是国防安全的重要组成部分。生态环境的破坏可能导致自然资源的枯竭和生态系统的崩溃，进而影响国家的粮食供应、水资源安全和能源保障等方面。保护和恢复生态环境不仅有利于维护国家的经济安全，还对国土防御、自然灾害防控和国家安全战略的制定具有重要意义。在应对生态安全挑战的过程中，开展生态安全理论研究是必要的。通过深入研究生态系统的结构和功能，生态安全理论可以提供科学的指导和方法，帮助制定适应当地环境特点的生态安全政策和措施。

生态安全管理的实践经验也需要不断积累和总结，以便在实际应对生态危机和灾害时能够更加有效地采取措施。为了实现全球的生态安全，国际合作是至关重要的。各国应该加强沟通和合作，共同应对全球性的生态问题，分享经验和技术，共同推动生态文明建设。国际组织和机构可以发挥重要作用，促进全球范围内的合作与协调，推动生态安全治理的全球议程。

生态安全对于人类的生存和发展具有重要意义，在全球生态环境不断恶化的趋势下，维护生态安全是全球人类共同面临的重大课题。开展生态安全理论研究，探索现代生态安全管理的实践经验和科学方法，不仅是科学理论研究的基本要求，也是人类社会发展的现实需要。生态安全与社会安全、国防安全、经济安全等具有紧密关联，维护生态安全对于社会的稳定、国家的安全和经济的可持续发展都具有重要意义。国际合作也是实现全球生态安全的关键，各国应加强合作，共同应对生态问题，推动生态安全治理的全球议程。通过这些努力，我们才能确保地球生态系统的稳定性，保护生物多样性，实现人类社会的可持续发展。

1.2　生态文明思想与生态安全战略

1.2.1　生态文明思想发展历程

在漫长的人类历史长河中，人类文明经历了三个阶段：第一阶段是原始文明。在石器时代，人们必须依赖集体的力量才能生存，物质生产活动主要靠简单的采集渔猎，为时上百万年。第二阶段是农业文明。铁器的出现使人改变自然的能力产生了质的飞跃，为时1万年。第三阶段是工业文明。18世纪英国工业革命开启了人类现代化生活，为时300年（图1.3）。300年前的工业文明以人类征服自然为主要特征，世界工业化的发展使征服自然的文化达到极致，一系列全球性的生态危机说明地球再也没有能力支持工业文明的继续发展，需要开创一个新的文明形态来延续人类的生存，这就是"生态文明"，如果说农业文明是"黄色文明"，工业文明是"黑色文明"，那么生态文明就是"绿色文明"，文明包括物质文明、政治文明、精神文明、生态文明等。文明，是人类文化发展的成果，是人类改造世界的物质和精神成果的总和，也是人类社会进步的象征。

从要素上分，文明的主体是人，体现为改造自然和反省自身，如物质文明和精神文明；从时间上分，文明具有阶段性，如农业文明与工业文明；从空间上分，文明具有多元性，如非洲文明与印度文明。以联合国的三次世界首脑会议为标志，世界有关环境与发展

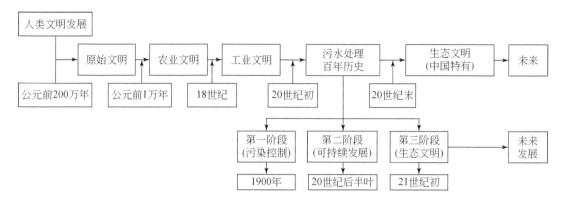

图 1.3 生态文明理念发展历程

关系的认识,可以概括为三个阶段四个模型。深入剖析过去几十年的环境与发展领域的演进轨迹,我们能够更清晰地把握中国在这一全球议题上的独特挑战与应对策略,特别是党的十八大提出的"五位一体"总体布局及生态文明建设的深远国际影响。这段历史可以精炼地划分为三大时期:自 1962 年至 1972 年,是环境问题初露端倪、引起全球关注的启蒙期;随后,从 1972 年至 1992 年,可持续发展理念兴起,并确立了经济、社会、环境三大支柱并重的发展模式;1992 年至 2012 年,绿色经济成为新风尚,全球环境治理体系逐步完善。贯穿这五十年发展历程的核心逻辑,在于不断强调经济社会发展与资源环境消耗的解耦,即追求经济增长的同时,减少对自然环境的负面影响。这一过程中,理论与政策模型也经历了从简单到复杂、从单一到多元的深刻变革。首先,是环境与发展二维模型的提出,它初步认识到资源环境对经济社会发展的支撑作用;接着,可持续发展的三个支柱模型进一步细化了发展目标,强调三者之间的和谐共生;随后,绿色经济的四面体模型应运而生,它倡导政府、企业、社会等多方力量的协同治理,共同推动绿色转型;最后,发展质量的三个层面模型则更加注重发展的全面性和可持续性,强调在资本产业利用上的高效与均衡。现代生态文明作为一种全新的发展观与价值观,深刻体现了人类对自然环境的尊重、保护与和谐共生的深刻认识。它超越了传统工业文明时期"征服自然、利用自然"的单一思维模式,转而倡导一种"尊重自然、顺应自然、保护自然"的生态文明理念,旨在实现经济社会发展与生态环境保护的双赢。

在现代生态文明理念下,人类社会的发展不再是以牺牲环境为代价的线性增长模式,而是追求经济效益、社会效益与生态效益的内在统一和协调共生。这意味着在经济发展的同时,必须充分考虑资源环境的承载能力,推动形成绿色、低碳、循环的发展方式,实现资源的高效利用和循环再生。

生态文明是一个以人与自然、人与人、人与社会和谐共生、良性循环、全面发展和持续繁荣为基本宗旨的社会形态。它被视为人类文明发展的新阶段，是工业文明之后的一种文明形态。生态文明的核心理念是人类必须遵循人、自然、社会和谐发展的客观规律，以此取得物质与精神上的成果。

从人与自然和谐的角度来看，生态文明是人类为保护和建设美好生态环境所取得的物质、精神和制度成果的总和，它贯穿于经济建设、政治建设、文化建设和社会建设的全过程，是一个涉及各个方面的系统工程，同时也反映了一个社会的文明进步状态。生态文明是人类文明发展的历史趋势，在生态文明建设的引领下，需要协调人与自然的关系。为了解决工业文明带来的矛盾，必须将人类活动限制在生态环境能够承受的限度内，并对山水林田湖草沙进行一体化保护和系统治理。生态文明的目标是实现人与自然的和谐共生，这意味着要采取可持续发展的方式，平衡人类的需求与自然资源的限制，确保人类的行为不会对生态系统造成破坏，并为后代留下良好的环境。

生态文明要在经济建设中发挥重要作用，就要追求绿色发展、推动低碳经济、减少资源的浪费和环境的污染，就要通过创新科技和改进生产方式，以实现经济的增长和环境的改善。政治建设也是生态文明的重要组成部分，要建立健全环境法律法规和政策体系，加强环境监管和执法力度，确保环境保护的落实。同时，还需要提高公众环保意识，鼓励公众积极参与环保活动，形成全社会共同参与的生态文明建设格局。

文化建设是生态文明的重要支撑，要大力弘扬生态文明理念，培养公众的环境意识和生态道德，推动绿色文化的传播和发展。通过文化的引领，改变公众的生活方式和价值观念，促进可持续发展和和谐社会的构建。

社会建设是生态文明的基础，要建立公平、公正、和谐的社会关系，促进社会公平和社会正义。通过建立社会保障体系和公共服务体系，提高人民群众的生活质量，增强社会的可持续发展能力。

1.2.2 中国生态文明思想

党的十八大以来，面对我国长期积累的严峻生态环境问题，我国针对这一系列问题进行了不断探索，最终形成了一套生态文明思想，具体如下。

1）生态文明建设是发展战略。党的十八大把生态文明建设纳入中国特色社会主义事业"五位一体"总体布局，明确提出大力推进生态文明建设，努力建设美丽中国，实现中华民族永续发展。

2）绿色发展方式是发展路径。恩格斯曾经说道："不要过分陶醉于我们对于自然界的胜利,对于每一次这样的胜利,自然界都报复了我们。"所以人类的发展活动必须尊重自然、顺应自然、保护自然,否则将会自食其果。只有让发展方式绿色转型,才能适应自然的规律。绿色是生命的象征,是大自然的底色;绿色是对美好生活的向往,是人民群众的热切期盼;绿色发展代表了当今科技和产业变革方向,是最有前途的发展领域。

3)发展理念具有战略性、纲领性、引领性。发展是党执政兴国的第一要务。必须要坚持和贯彻新发展理念,像保护眼睛一样保护生态环境,像对待生命一样对待生态环境。加深对自然规律的认识,自觉以规律的认识指导行动。绿色发展不仅明确了我国发展的目标取向,更丰富了中国梦的伟大蓝图,是生态文明建设中必不可少的部分。

4)建设美丽中国是发展目标。尽管我国在生态建设方面取得了很大成效,但生态环境保护仍然任重道远。步入新时代,我国社会主要矛盾已经转化为人民日益增长的美好生活需要和不平衡不充分的发展之间的矛盾,而对优美生态环境的需要则是对美好生活需要的重要组成部分。在党的十九大报告中,将"美丽中国"纳入建设社会主义现代化强国的奋斗目标之中,多次提出要建设美丽中国,还自然于宁静、和谐、美丽。根据党的十九大报告,到2035年,我国基本实现社会主义现代化,生态环境根本好转,美丽中国目标基本实现;到21世纪中叶,我国将建成富强民主文明和谐美丽的社会主义现代化强国,生态文明将全面提升。党的二十大则更加明确了关于生态文明思想的发展目标,强调推动经济社会发展绿色化、低碳化是实现高质量发展的关键环节。这一目标的实现,要求我们必须牢固树立和践行绿水青山就是金山银山的理念,站在人与自然和谐共生的高度谋划发展。具体的发展目标包括完善支持绿色发展的政策体系,发展壮大绿色低碳产业,健全资源环境要素市场化配置体系等。同时,报告还提出要加强生态文明建设,深入推进环境污染防治,提升生态系统多样性、稳定性、持续性,以建设美丽中国为目标。这些措施将有助于实现人与自然的和谐共生,推动我国绿色发展再上新台阶。

生态兴,则文明兴,生态衰,则文明衰。历史上有许多文明古国,因为生态破坏而导致文明衰落。目前,国内学界对生态文明思想的发展这一问题日益重视,开展了大量研究,并取得了一定理论成果。"天育物有时,地生财有限,而人之欲无极。"人类只有遵循自然规律才能有效防止在开发利用自然上走弯路,人类对大自然的伤害最终会伤及人类自身,这是无法抗拒的规律。人类尊重自然、顺应自然、保护自然,自然则滋养人类、哺育人类、启迪人类。习近平总书记提出,绿水青山就是金山银山,保护环境就是保护生产力的新经济发展观,要把生态环境保护摆在更突出的位置。"我们既要绿水青山,也要金山银山。宁要绿水青山,不要金山银山,而且绿水青山就是金山银山。"绝不能以牺牲生态环境为代价换取经济一时的发展。让绿水青山充分发挥经济社会效益，关键是要树立正确的发展思路，因地制宜选择好发展产业。绿水青山和金山银山绝不是对立的，关键在人，关键在思路。只有充分考虑到生态环境的承受能力，才能保持两者的协调发展关系，保持经济的持续发展。决不能以牺牲环境、浪费资源为代价换取经济增长，不能在问题发生之后再以更大的代价去弥补，而是要让经济发展和生态文明相辅相成、相得益彰，让良好环境成为人民生活质量的增长点，让绿水青山变为金山银山。山水林田湖草沙是一个生命共同体的新系统观。山水林田湖草沙是一个生命共同体，人的命脉在田，田的命脉在水，水的命脉在山，山的命脉在土，土的命脉在林草。人和自然相互依存、相互影响的。

人和自然是一个生命共同体，如果只看到眼前的利益而忽视对自然环境的保护，那么人类的实践活动终将影响人类的命运。这也告诉人们，用途管制和生态修复必须遵循自然规律，不可顾此失彼。由一个部门行使所有国土空间用途职责，对山水林田湖草进行统一保护、统一修复是十分必要的。建设生态文明，关系人民福祉，关乎民族未来，良好的生态环境是最公平的公共产品，是最普惠的民生福祉。就当前而言，我国经济在发展，环境在污染，我国已经在发展与污染中徘徊了很多年。造成环境污染的原因固然有群众环保意识淡薄、绿色生活习惯尚未形成等原因，但是归根结底，还是因为重经济发展轻环境保护、重开发资源轻科学统筹规划。面对日益严重的环境问题，应当把生态文明建设上升到民生的高度去认识、去重视、去治理。温饱问题解决以后，保护生态环境就应该而且必须成为发展的题中应有之义，这也是改善民生的重要着力点。

1.2.3 生态安全战略

如果一个国家各种生物种群系统多样稳定、资源与能源充足、空气新鲜、水体洁净、近海无污染、土地肥沃、食品无公害，那么该国家的生态环境是安全的，反之，该国的生态环境就是受到了威胁。生态安全具有复杂性、潜在性、全球性等特点。

第一，复杂性具体表现为生态系统结构复杂，物种繁多，由各种生物构成的食物链和食物网也复杂多样。影响生态平衡的因素多种多样，既有自然的，也有人为的。自然因素包括突发的和慢性的自然灾害，如火山、地震、海啸、林火、台风、泥石流以及水旱灾害等，这些灾害能在短期内使生态系统遭到破坏甚至毁灭。人为因素包括人类有意识的"改造自然"的行动与无意识的对生态系统的破坏。

第二，潜在性表现为由人类活动所造成的环境问题并不具有较快的反应性，除排放高污染度物质污染环境直接造成人体健康或生物损害的情况，大多数环境损害都是在渐进中发生的，有的还需要经过"生物富集"或"二次污染"才能发生。同时，由于生物圈内能量的流动要通过食物链或食物网来进行，许多有害污染物质也会随着这些链或网在环境中不断地流动并蓄积于环境和生物体之中，当这些污染物质蓄积到一定程度时便会对环境、生物以及人类造成危害。那时，即使人类停止一切有害于环境的活动，被蓄积的污染物质还会不断缓慢地释放出来。另外，许多自然资源（如矿产资源等）的形成经历了上万年的历史，人类在开发和利用过程中如不注意对其加以保护，就会导致该种自然资源因过度开发而枯竭，从而影响生物的多样性。

第三，全球性表现为随着全球经济一体化过程的加快，生态安全也变得更具有全球性特点，温室效应、生物多样性的减少、大气污染、沙尘暴、海洋污染、外来生物入侵及土地荒漠化等生态问题都已成为全球性的生态安全问题，只要一个国家出现生态安全问题，周边国家的环境生态就会变得不安全。从这个意义上讲，生态安全问题已不是一个国家的问题，而是关乎多数国家甚至全世界的问题，只有全世界共同联合起来解决环境生态安全问题，我们的地球家园才能变成安全的"绿色"家园。

生态安全在国家安全体系中占有十分重要的基础地位。第一，生态安全提供了人类生存发展的基本条件。自然生态系统是人类社会的母体，提供了水、空气、土壤和食物等人类生存的必要条件，维护生态安全就是维护人类生命支撑系统的安全。第二，生态安全是经济发展的基本保障。人类历史上因生态退化、环境恶化和自然资源减少导致经济衰退、文明消亡的现象屡见不鲜，要实现经济可持续发展，必须守护好生态环境底线，转变以无节制消耗资源、破坏环境为代价的发展方式。第三，生态安全是社会稳定的坚固基石。随着我国经济社会快速发展，生态环境问题已成为最重要的公众话题之一，因相关问题导致社会关系紧张的情况屡有发生。高度重视和妥善处理人民群众身边的生态环境问题，已成为当前保障社会安定的重要工作之一。第四，生态安全是资源安全的重要组成部分。自然生态系统既是人类的生存空间，又直接或间接提供了各类基本生产资料。对国家来说，要获得充分的发展资源，就必须保障国内的生态安全，甚至周边区域乃至全球的生态安全。第五，生态安全还是全球治理的重要内容。随着全球生态环境问题的日趋严峻，气候变化、环境污染防治、生物多样性保护等跨国界和全球性生态境问题日益成为政治、经济、科技、外交角力的焦点。积极参与区域和全球环境治理，影响和设置相关议程，有助于维护我国发展权益和国家利益，树立我国负责任大国形象。

生态安全战略是指国家生态环境保护部门在加强环境治理的基础上，提出的具有前瞻性和战略性的环保行动计划，目的是实现我国生态文明建设的战略目标。具体包括以下内容：①大气污染防治攻坚战。实施"大气十条"措施（即《大气污染防治行动计划》），加大燃煤污染治理力度，完善监测系统，优化空气质量，保障公众健康。②水污染防治攻坚战。实施江河湖库治理，推进水源地保护，加强城市污水处理设施建设，加强农村污染治理。③重点区域污染治理攻坚战。实施酸碱湖治理，加强生态修复，提高钢铁、建材等重点行业的环保标准。④黑臭水体整治攻坚战。全面展开黑臭水体整治工作，特别是针对城市内河道、城镇污水和垃圾处理场所的治理。⑤生态保护与修复攻坚战。加强湿地、水源地、森林、草原等自然资源保护，推动生态文明建设。⑥绿色发展攻坚战。促进绿色低碳发展，实现清洁能源占比提高，加强环境法治，完善环境监察制度。⑦环境治理能力提升攻坚战。升级环保设施，提高监测、评估和处置水平，推动环保技术创新，加强环保机构建设。⑧重大环境安全保障攻坚战。加强核、海洋、天然气等重点领域和重大工程安全管理和监督，提升环境安全防控能力。总之，生态安全战略旨在加强我国的环境治理和生态保护工作，实现可持续发展。

1.3　生态安全研究进展

1.3.1　生态安全概念

生态安全的概念最早建立于环境安全概念的基础上，国际应用系统分析研究所（International Institute for Applied Systems Analysis，IIASA）在 1989 年首次将生态安全定义为人的健康、安乐、基本权利、生活保障来源和人类适应环境变化的能力等方面不受威胁的状态。此后，不断有学者对生态安全概念进行扩展研究，尽管尚未形成统一标准，但大多数研究者认同的生态安全包含自然生态安全、经济生态安全和社会生态安全，三者组合成一个复合的生态安全系统。

生态安全是全球性的议题，涉及人类的生存与发展。它与环境质量、资源利用密切相关，同时受到气候变化、生物多样性等多种因素的影响。随着人类活动的不断扩大，生态安全问题日益凸显，引起了全球范围内的广泛。20 世纪以来，人类面临的生态安全问题不断演变，生态压力越来越严峻。生态安全作为我国推进生态文明建设、实现可持续发展的重要基础和国家安全的重要支撑与组成部分，已经上升为国家战略，并成为我国生态学研究的热点和重大科学问题之一。

国内外研究者迄今提出的生态安全定义不少，但从核心含义来看，大体可以归纳为以自然生态系统为主体的狭义生态安全和以人的安全为中心的广义生态安全。狭义的生态安全指自然和半自然生态系统的自身安全，即生态系统能够维持自身结构、功能与自然演变的状态，包括生态系统完整性和健康状况。狭义生态安全以自然生态系统为主体、以人类活动为主要客体，强调生态系统的健康和生态过程的稳定，把生态系统自身的安全作为生态安全的核心。广义的生态安全概念的提出有助于通过认识人类活动对生态系统的不利影响，自觉地将人类活动限制在生态系统能够承受的范围内。广义的生态安全包括两个方面的核心含义：一是生态系统自身的安全，即生态系统的结构和功能保持完整和正常，不受自然因素和人类活动的危害或威胁；二是生态系统对人类生产生活的支撑与服务安全，即生态系统提供的产品和服务能够满足人类生存发展的持续需求。广义生态安全概念以人的安全为核心，将生态系统的承载能力和对人类社会的服务功能作为生态安全的物质基础，认为自然生态系统的自身安全是其满足人类社会生存与发展的持续需求的基本保障。

近年来，生态安全研究得到了越来越多的进展，主要涉及生态环境影响评价、生物多样性保护、生态系统服务等方向。随着全球环境问题的加剧，生态安全研究在国内外学术界、政府机构以及非政府组织中得到了广泛推动。各类研究机构、政策制定者和实践者都在积极探索解决生态安全问题的有效途径，同时也凸显出生态安全研究的重要性和紧迫性（图1.4、图1.5）。有学者将国际应用系统分析研究所定义的"人的生活、健康、安乐、基本权利、生活保障来源与社会发展的必要资源、社会秩序和人类适应环境变化的能力等不受威胁的状态"作为广义生态安全的经典表述。这个由自然生态安全、经济生态安全和社会生态安全3个子系统组成的复合生态安全系统实际上包含了3个层次：自然生态安全指自然生态系统的自我维持、自我演替、自我调控、自我发展的生命演替过程和规律，尤

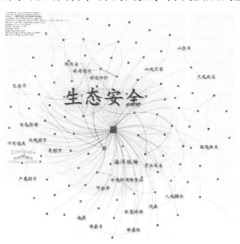

图1.4　生态安全关键词共现图谱

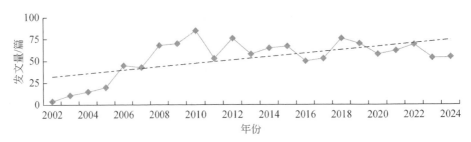

图 1.5　生态安全关键词发文量

其是在受到胁迫之后能够自我修复的能力，相当于前述的狭义生态安全；经济生态安全指生态退化不威胁人类社会发展的经济基础，大致相当于前述广义生态安全概念中以人的安全为中心的含义；而社会生态安全指生态产品和服务的供给不会引发人民群众的不满，主要体现了追求公平和谐的社会体制的国家生态安全目标，具有明显的社会经济学的性质和支撑国家政治安全的意义。

该复合生态安全系统没有明确的主体和客体，实质上是复合生态系统以其 3 个子系统互为安全主体和客体的内部平衡状态，其以社会–经济–自然复合生态系统的整体安全利益为目标，将人的安全和自然生态安全放在同等重要的位置并视为一个共同体，要求协调人口、环境、资源与经济社会发展的关系，兼顾代内公平与代际公平，考虑人与自然协同进化的伦理道德，还包括和平与安全。这个生态安全概念包含的内容最全面但较抽象，未具体化 3 个子系统间的相互作用及其与复合生态安全系统整体状态的逻辑关系，可作为一个概念框架用于生态安全内涵的理论研究，而对于生态安全评价实践的指导则不够强。

1.3.2　研究进展

对于可实际操作的生态安全评价，往往缺乏实质性的讨论。关于生态安全评价的方法与对象而言，国内外对其均作出贡献。生态安全评价（Ecological Safety Assessment，ESA）是生态安全研究的核心问题，国外的生态安全评价研究由生态系统健康评价（Ecosystem Health Assessment，EHA）和生态风险评价（Ecological Risk Assessment，ERA）发展而来，研究内容主要集中在生态系统健康评价和生态风险评价，专门针对 ESA 的研究较少。

国外关于生态安全的研究深度主要在全球和国家层面，研究内容也集中在生态安全和国家安全、可持续发展等宏观问题的内在关系，对于特定区域或对象的研究较少。其中，对于生态系统健康评价的研究，在 20 世纪 70 年代，生态系统健康的概念被首次提出，随后相关的研究也逐渐发展起来，不同类型生态系统的健康评价、评级方法以及指标体系成为研究的重点。

生态系统健康是指生态系统无病患反应，稳定且可持续发展，即生态系统随着时间的进程或在外界胁迫下，能保持活力并且能维持其组织及自主性或恢复初始状态的能力。1985 年，Rapport 等提出以生态系统危险症状作为生态系非健康状态的指标。1998 年，Rapport 提出了包括生物多样性、土壤生态健康等 13 个因素的评价指标体系，同时改进了评价公式并计算了生态系统的健康度。1999 年，Whitford 等以美国得克萨斯州西部森林生态系统为研究对象，指出抵抗力和恢复力可以作为生态系统健康评价的重要指标；Costanza 和 Mageau 从生态系统可持续发展的角度出发，提出了包含系统活力、系统结构以及恢复力三大类指标的评价模型；Aguilar 构建了包括经济社会指标、化学物理性指标以及生态学指标三大类指标的评价指标体系。2000 年，美国国家环境保护局联合有关单位对美国华盛顿的生态系统健康进行了综合评价，探讨了各种外部干扰对城市生态系统的影响。2004 年，Howard 和 Rappont 指出让生态系统健康成为学校课程的重要组成部分，并提出生态系统健康进一步发展的模型，旨在为生态系统健康教育开发必要的技能，将生态系统健康扩展到学习的早期和后期阶段，提高生态系统健康意识，形成跨学科且持续的生态系统健康的主流计划。2005 年，Xu 等使用生态系统健康指数方法（Ecosystem Health Index Method，EHIM）评价湖泊生态系统健康水平，表明 EHIM 是一个可靠、结果直观的相对简单的方法，可以广泛地用于定量评估和生态系统健康状态比较。2009 年，Su 等采用集对分析（Set Pair Analysis，SPA）评价了多个城市的生态系统健康水平。2016 年，Kaboré 等通过群落分类学和功能组成探索生物评估潜力，以布基纳法索境内半干旱溪流为研究对象进行生态系统健康评估。2023 年，刘惠秋等通过检测河流中的浮游植物的和环境因子的调查，基于浮游植物完整性指数建立了水生态健康评价体系，对流域的水生态环境健康情况进行了评估。2024 年，王锐婕等采用"活力–组织–弹性–生态系统服务功能"评价框架在县域尺度上计算了 2000~2020 年长江流域生态系统健康指数，并基于最优参数地理探测器模型和地理加权回归模型探讨了其驱动因素，为长江流域生态系统的保护和管理，促进长江流域可持续协调发展提供理论参考。

由研究发展历程可见，生态系统健康方面的研究由最初的仅以单一因素——生态系统危险症状作为评价指标来评价生态系统健康与否，逐渐发展到以多个因素建立不同生态系统的评价指标体系，并逐渐探索出较为成熟的生态系统健康指数方法用以定量评价多种生态系统健康水平。目前生态系统健康的评价指标体系包括活力、恢复力、组织结构、维持生态系统服务、管理的选择、减少投入、对相邻系统的危害和人类健康影响 8 个方面，EHIM 得到广泛应用，集中于对生态系统的活力、组织结构和恢复力的研究，分别以测量、网络分析和模拟模型进行量化，研究指标和方法应用于自然系统、社会经济和人类健康等方面。国内生态安全评价的研究以 2000 年为分水岭,之前的研究主要是围绕生态环境评价展开的。进入 21 世纪,随着中国科学院"国家生态安全的监测、评价与预警系统"重大研究项目的实施,我国生态安全评价研究取得了快速发展,研究成果主要表现在生态安全评价指标体系和评价方法两个方面。

生态安全的评价指标体系和指标综合方法一直是生态安全研究的基础和重点内容,然而目前仍然没有一个统一、合理的指标体系和综合方法(图 1.6)。程漱兰和陈焱(1999)很早就提出基于生态系统特征的退化率和退化程度构建生态安全的评价指标体系,但并没给出一个综合多种关键特征的可操作方法,也没有开展案例实证研究。

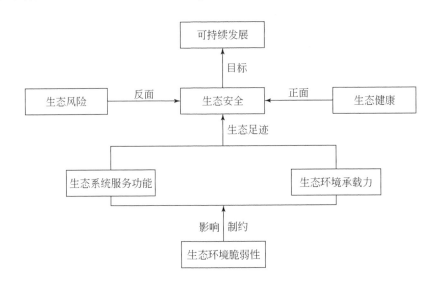

图 1.6 生态安全评价原理与方法

王韩民等(2001)首次明确将"压力-状态-响应"(Pressure-State-Response,PSR)框架引入生态安全评价指标体系,其中以"状态"维度为核心,其包含了生态系统的状态特征指标,而"压力"维度反映了自然环境和经济社会诸要素的影响,措施、政策等人类活动的相关指标则组成了"响应"维度,各维度内的指标进行加权综合,分别评价了我国生态安全。而对于 PSR 三个维度的指标综合,左伟等(2003)借鉴了模糊数学和灰色关联模型,在 PSR 体系的基础上建立了生态安全的指标综合方法。

最近的大量研究显示,当前评价生态安全使用较为普遍的指标体系仍然是基于 PSR 或类似的相关多维度体系。例如,Wang 等(2019)利用 PSR 体系,考虑城市化相关的经济社会影响因素,以及生态系统服务等生态环境指标,构建综合的景观生态安全指数,展示了北京市 1995~2015 年的生态安全状况;Ma 等(2019)利用经济社会和自然环境要素等29 个因子建立相应的指标体系,评价了祁连山疏勒河流域近 30 年的生态安全特征,并证实其与景观格局变化有一定的相关性；Chen 和 Wang（2020）利用"驱动力–压力–状态–影响–响应（Driver-Pressure-State-Impact-Response，DPSR）框架体系，综合气候景观、地形地貌和经济社会等因素构建指标框架，揭示了云贵高原中部 20 年生态安全变化；等等。另外，类似 PSR 而构建多维度指标体系来进行生态安全评价，也有不少研究，这些维度一般包括气候、自然环境、社会经济条件的要素指标。例如，Ghosh 等（2021）构建了土地利用变化、生态环境和经济社会条件等三个维度的指标体系，以探讨加尔各答都市区 21 世纪的生态安全及其变化。

近年来还有研究使用了状态空间向量法进行指标综合，但此类研究往往只对相关性较强的要素特征或维度指标之间采用正交状态空间的欧氏距离进行分析。除此之外，大多数研究均将不同维度的所有指标进行归一化并赋权重，然后直接加和得到一个综合的生态安全指标用以评价，其中权重设置方法有熵权法、变异系数法、主成分分析法、网络分析法、蒙特卡罗模拟法、专家知识参与的层次分析法等。

另外，直接基于一些特定的要素指标按一定的代数公式，计算生态足迹或其他综合指标进行评价，同样有不少的研究案例。生态足迹指标一般也被用来反映生态承载力和生态安全程度，它主要是根据耕地、林地、化石燃料用地等不同种地利用类型乘以相应的当量因子计算，在某些情况下，为了更贴近实际情况和满足特定需求，研究者还会考虑引入专家知识，通过专家打分的方式对生态安全状况进行主观评价。这种方法虽然带有一定的主观性，但能够充分融合专家的专业经验和判断，为生态安全评价提供更为全面和深入的视角。

由此可见，在当前的生态安全评价研究中，指标体系主要是基于自然环境–社会经济方面一系列相对静态的要素组合。这样的做法，往往不能突出生态系统整体性和系统性的特征，很少关注真正关系到生态安全的核心基础问题，也没能合理分析生态系统服务等反映生态系统支撑人类社会发展层面的状态程度。同时，这样的研究不易于抓住生态系统层面上的动态特征，也没有明确生态系统服务的变化趋势，从而不利于真正保障生态安全。

此外，关于研究中的指标综合方法，目前除了模糊数学或灰色关联分析法之外，都存在明显的局限性。尤其是当前基于 PSR 指标体系广泛使用的赋权加和法，将不同性质、多个维度的指标直接加和，显然偏离了压力、状态、响应等维度特征的实际意义，而生态足迹指标等方法又过度简化了支撑生态安全的生态系统层面的特征。傅伯杰等（2012）认为，生态系统呈现出由结构性破坏向功能性紊乱的方向发展，而导致的水土流失、荒漠化加剧等生态退化问题，以及引起生态系统服务的丧失，是生态安全的严重威胁与风险；同时，应着眼于这类影响生态安全的系统特征，科学探讨不同指标的贡献与进行多重指标的耦合，以评价和优化生态安全格局。科学合理的生态安全格局是实现绿色发展的重要空间战略。通过优化生态安全格局，可以推动各地区严格按照主体功能定位发展，促进生态文明建设，从而实现人与自然的协调发展（图1.7）。因此，构建真正体现生态安全内涵与特征的指标体系并在此基础上根据指标的意义选择合理的综合方法，是生态安全评价中需要进一步探讨的关键问题。

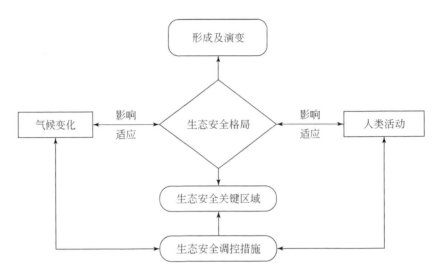

图1.7　气候变化下的生态安全格局应对策略

1.4　水土资源优化配置理论与研究进展

1.4.1　水土资源优化配置相关理论

水是生命之源，土是万物之本，水土资源是人类赖以生存和发展的基础性资源，水土资源作为自然资源的重要组成部分，是人类社会生存与发展的基础和前提。人口众多、水土资源相对较少是我国的基本国情。随着经济建设的不断发展，水资源供需矛盾和土地承载量不断加大，已成为十分突出的问题。由于水土资源供给的有限性以及长期以来不合理的开发利用，所导致的生态环境问题日益突出，如水土流失、水土污染、土地荒漠化以及干旱、洪涝等自然灾害的频繁发生，已经严重威胁到国家或地区的经济、社会、人口、资源和环境的可持续发展。

为了提高水土资源利用效益，维持生态系统的相对平衡，实现水土资源的可持续利用，水土资源的优化配置势在必行。水资源和土地资源相辅相成，又相互制约。水资源是土地资源发挥最大优势的基本条件，水资源利用得合理与否，直接影响到土地资源的生产效率，而土地资源的利用程度也制约着水资源的利用，土地资源利用效率比较高，则为水资源的合理开发利用创造了条件，水资源和土地资源的分析研究密不可分。水土保持是我国生态文明建设的重要组成部分，党的十八大报告提出要推进"水土流失综合治理"。党的二十大报告明确提出"推动绿色发展，促进人与自然和谐共生""要推进美丽中国建设，坚持山水林田湖草沙一体化保护和系统治理"。

水资源合理配置是指在一个特定流域或区域内，以有效、公平和可持续的原则，对有限的、不同形式的水资源，通过工程与非工程措施在各用水户之间进行的科学分配。水资源优化配置是实现水资源合理开发利用的基础，是水资源可持续利用的根本保证。实际上，水资源合理配置从广义的概念上讲就是研究如何利用好水资源，包括对水资源的开发、利用、保护与管理。在中国，特别是华北和西北地区，实施水资源合理配置具有更大的紧迫性。其主要原因：一是水资源的天然时空分布与生产力布局不相适应，二是在地区间和各用水部门间存在着很大的用水竞争性，三是水资源开发利用方式已经导致许多生态环境问题。

水资源的合理配置是由工程措施和非工程措施组成的综合体系实现的。其基本功能涵盖两个方面：在需求方面通过调整产业结构、建设节水型社会并调整生产力布局，抑制需水增长势头，以适应较为不利的水资源条件；在供给方面则协调各项竞争性用水，加强管理，并通过工程措施改变水资源的天然时空分布来适应生产力布局（图1.8）。两个方面相辅相成，以促进区域的可持续发展。合理配置中的合理是反映在水资源分配中解决水资源供需矛盾、各类用水竞争、上下游左右岸协调、不同水利工程投资关系、经济与生态环境用水效益、当代社会与未来社会用水、各种水源相互转化等一系列复杂关系中相对公平的、可接受的水资源分配方案。合理配置是人们在对稀缺资源进行分配时的目标和愿望。一般而言，合理配置的结果对某一个体的效益或利益并不是最高最好的，但对整个资源分配体系来说，其总体效益或利益是最高最好的。而优化配置则是人们在寻找合理配置方案中所利用的方法和手段。

土地资源优化配置，从宏观层面看，表现为土地资源内部结构的调整，即土地资源不同类别之间的转换。这是由于土地资源的总量是一定的，随着社会经济的发展，土地资源的内部结构随之变化，以适应社会经济发展的需要。例如，交通建设的需求会导致部分耕地、林地等转化为交通用地。从微观层面看，还表现为局部的、有限的土地资源总量的增加和未利用土地资源的改造。土地资源具有多种用途，包括生态用途、空间用途和风景用途，具体表现为土地资源具有多种特征。而对某一特征来说，具有该特征的土地单元有多

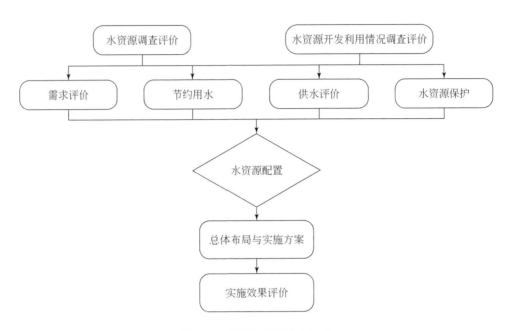

图 1.8　水资源配置综合体系

个，即"一物多征，一征多物"。此外，尽管土地资源有多种用途可供选择，但具体到每一次土地资源的实际利用，其使用用途却是唯一的，同时土地资源利用用途的更改十分困难且成本高。因此，土地资源的优化配置不仅可能而且必要，它包含两方面的含义：一是对于某一土地单元的适宜用途的选择，可对该土地资源的主要特征进行全面分析和综合评价，从而确定该土地单元的适宜用途或主导用途；二是对于适宜某一用途的土地单元的选择，可根据该用途必须具备的特征，对具有该特征或与该特征相近的其他土地单元进行综合分析和科学识别，以确定最佳的土地单元。土地资源的优化配置可以由以下途径实现。

1）土地资源总量的增加，即围海造地。地球表面由陆地和海洋两部分构成，其中陆地面积 1.49 亿 km^2，占地球表面积的 29.2%；海洋面积 3.61 亿 km^2，占地球表面积的 70.8%。因此，局部的、少量的围海造地，无疑是增加土地资源总量，拓展人类生存空间的一条途径。特别是随着世界人口的增长，加上土地资源承载力的限制，人类必须借助现代科技的发展，去探索、开拓和改善人类的生存空间和生存条件。

2）未利用土地资源的改造，即通过投入一定的改造资金，将未利用土地资源改造为已利用土地资源。因为土地资源数量有限，在这有限的土地资源中，有相当部分存在各种制约土地利用的障碍因素，如干旱、水资源不足、气候、高山、陡峭山地、交通不便的偏僻地等。在我国，这样的土地约占土地总面积的四分之一。因此，改造未利用土地资源，特别是建设用地尽量利用荒山、荒地等未利用土地，是增加可利用土地资源数量，缓解土地供需矛盾的重要途径，也是土地资源优化配置的根本任务。

3）已利用土地资源的结构调整，即根据社会经济发展及结构调整来配置土地资源。从内容上它包括农业用地内部结构、建设用地内部结构的调整以及农业用地向建设用地的转化。从形式上它包括土地资源的数量比例结构，即各类土地资源所占的数量比例；土地资源的空间分布结构，即各类土地资源在地域空间上的分布状况；土地资源的时间动态结构，即土地资源数量比例结构和空间分布结构在时间上的演变过程。已利用土地资源结构的调整是土地资源优化配置的核心和主体。实现土地资源优化配置的核心是变换，如从海洋变为陆地，从未利用土地资源转变为已利用土地资源，从已利用土地资源的一种类型转变为另一种类型。但这种变换不是任意的或无条件的，而是在一定的范围内和一定的条件下进行的，如某些土地根本不具备人类的生存条件，是不可利用的或在现有条件下的利用无经济价值。

水土资源由水资源和土地资源两部分组成。水土资源是人类社会赖以生存与发展的基本物质条件，水是生命之源，土是万物之本。"逐水草而居"，这是古代各民族共同遵循的普遍规律，古代四大文明都发源于大河流域就是最生动的例证。现代社会发展过程中，水土资源不仅是人们日常生活必不可少的生活资料，并且是工农业生产、交通运输、能源建设、城市建设、环境卫生等部门最基本最重要的生产资料，水土资源又是环境保护、维护生态平衡必不可少的基本条件。

首先，优化配置水土资源可以提高资源利用效率。对于水资源，应该采取节约用水的措施，包括改进农业灌溉方式提倡水资源循环利用、推广节水设施等。对于土壤资源，应该注重保护肥沃土地，合理利用耕地资源，优化土壤肥力管理，减少土壤退化的风险。其次，科学合理地配置水土资源，可以保证资源的可持续利用，为人类未来提供足够的水和土地。再次，保护水土资源有助于维护生态平衡和环境健康。水土资源的优化配置和保护能够保护水域生态系统的完整性，防止水土污染扩散和激烈竞争。通过保护水土资源，能够提供生物多样性的栖息地，维持自然生态系统的稳定和持续发展。最后，水土资源保护对于控制气候变化也有重要的作用，因为水和土地是碳循环中的重要组成部分，能够吸收大量的二氧化碳并减缓气候变暖的速度。

1.4.2　水土资源优化配置研究进展

水土资源是人类赖以生存和发展的重要基础，其优化配置与保护对于实现可持续发展具有关键性的意义，水土资源空间分布格局是水土资源优化配置与可持续利用研究中的热点，水土资源匹配系数描述了研究区域水土资源空间分布特征。

国外对土地资源优化的理论发源于城市规划理论，关于城市空间布局与均衡性评价的研究历史较为久远，从欧洲、美洲至非洲不同地区不同国家均取得了大量的研究成果。土地资源优化的方法研究与具体应用从 20 世纪中期开始快速发展，进入 70 年代开始应用于实践，土地资源优化方法的应用主要体现在土地利用规划领域，随着土地利用规划从指导性、宏观控制性逐渐发展到控制土地利用不同类型变化和科学利用，以控制论为基础的系列方法被广泛应用。

自 20 世纪 90 年代开始，以定量模拟、GIS 空间分析和线性规划融为一体的模型计算方法得到了很大发展。1994 年荷兰瓦格宁根大学通过"持续土地利用开发"（USTED）研究项目，将线性规划模型、定量模拟模型和专家知识系统相结合，首次提出了专门针对土地资源优化和系统分析的土地利用变化及效应（Conversion of Land Use and its Effects，CLUE）模型；后来，作为该项目组核心成员的 Verburg 等（2002）对 CLUE 模型进行了优化和改进，提出了专门针对中小尺度，且模拟分析精度更高的 CLUE 新版本，称为 CLUE-S。该模型的应用极大扩展了土地资源空间优化及模拟研究的范围，从农业、工业到采矿业均有涉猎，该模型最大的特点是空间优化过程中考虑了社会经济和生物物理等驱动因子，并能将优化结果表现在空间上。后来又有学者在借鉴 CLUE 模型的基础上，针对数据量庞大，难以集合处理的问题，将数据结构和空间分析引入模型中，提出了一种基于栅格分析的土地利用配置算法，并在多地进行了尝试，取得了不错效果。此后，GIS 技术的发展，既能对空间数据进行处理分析，又能和其他空间优化配置模型相融合，两个或多个模型的综合应用进入了常态化。例如，将 GIS 空间分析技术与线性规划模型结合；以 GIS 为技术工具，将环境工程相关模型引入，二者相结合提出了一套专门进行土地规划的决策系统，利用元胞自动机（Cellular Automaton，CA）、MCR（Minimum Cumulative Resistance）模型进行土地适宜性评价，并利用 GIS 进行土地利用空间结构分析。

近年来，土地资源优化方法进入了宏观规划与微观优化相结合的阶段，尤以多智能体结合遗传算法、微粒群算法、蚁群算法等为土地资源优化配置的最新方法。在我国，关于土地资源优化的理论体系以借鉴国外理论为主，主要是将国外的思想、理论框架结合我国不同区域的实际加以综合应用为目的。早在 1999 年，以刘彦随等、杨天荣和刘卫东等为代表的资源规划学者提出了土地资源优化布局的层次模式和作业流程，结合我国实际，将土地资源优化配置分为宏观、中观和微观三个层次，并分别对不同的层次进行了阐述和实践应用。此后，我国众多学者以不同地区、不同层次如省、地级市、县区等展开了土地资源空间优化实践研究，如李鑫等（2016）提出采用土地利用现状布局优化调整后的结果对现状土地利用空间进行布局。在此基础上，许小亮等（2016）分别用土地规划和土地种植结构优化综合应用的思想对土地资源优化的理论体系进行了探索性研究，取得了初步成果。

同时我国学者也借鉴国外理论和思想，将生态学思想引入到土地资源优化框架中。例如，俞孔坚（2000）将景观生态学的过程变化与城市扩展相结合的思想，提出了构建田园城市，还城市、土地空间本来面目的休闲式空间优化布局思想；何玲等（2016）借助生态安全格局思想针对性核算区域生态系统服务价值，探寻生态安全格局进而优化土地利用格局可为土地利用规划与整治提供决策支持（图1.9）。总体来看，我国学者对于土地资源优化的理论研究相对较少，而综合应用较多，从不同区域、不同层次、不同视角进行了综合应用，部分城市空间布局思想、土地资源空间优化思想也日趋成熟，为我国城乡发展和土地利用规划提供了指导思想。随着我国对水土资源的相关配置与优化方式的探索逐渐加深，我国学者对其做出的贡献也层出不穷，产出了各种不同资源类型的研究成果，为我国的水土资源优化配置做出了重大贡献。

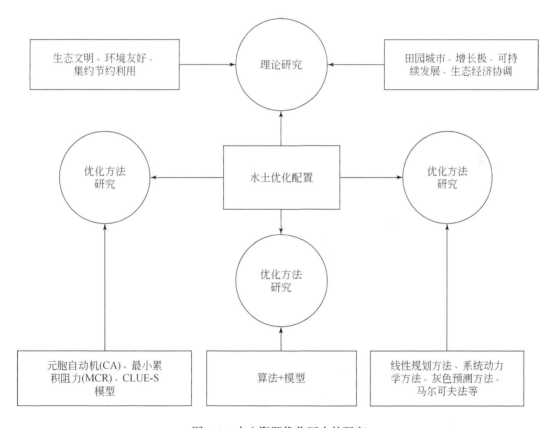

图1.9　水土资源优化国内外研究

目前关于水土资源匹配系数的测算主要采用两种方法：一是吴宇哲和鲍海君（2003）

提出的基尼系数法，即通过水资源量和耕地面积构建区域基尼曲线定量描述区域水土资源匹配情况。其利用该方法计算了我国省际水土资源匹配系数和世界各国的水土资源匹配系数，并进行了对比分析。二是刘彦随等（2006）提出的以区域可供农业利用的水资源和耕地资源量比关系表征时空匹配情况的农业水土资源匹配系数测算模型。在上述研究的基础上，部分学者利用单位耕地面积拥有的水资源量或是灌溉水量分析了关中地区、黄河三角洲及河套灌区的农业水土资源匹配状况；有学者以水资源和耕地为匹配对象利用基尼系数法分别对白山市和通化地区的水土资源匹配进行研究；还有学者利用单位耕地面积拥有的农业水资源可利用量和基尼系数法研究了中亚各国水土资源匹配状况。此外，还有部分学者根据广义的农业水土资源匹配概念，提出了以"蓝水"和"绿水"为中心的水土资源匹配系数的方法：有的从水资源供应和耕地资源需求的角度构建水土资源匹配指数，并应用到西北旱区的农业水土资源匹配格局研究中；有的从水土资源空间匹配的角度分析与产能的关系，但是与生态系统服务价值的相关性研究报道较少。

水土资源优化配置是指对水资源和土地资源在时空上进行安排、设计、组合和布局，以提高水土资源利用效益，实现水土资源的可持续利用。水土资源利用方式一方面通过影响气候、土壤、水文及地貌对自然环境产生了深刻影响，另一方面通过生态环境因子和景观格局的改变，对区域生态系统服务功能产生决定性影响。实践证明水土资源利用方式可以影响区域生态环境的改变，降低生态系统整体功能的发挥，合理的水土资源配置能够提高区域整体生态系统服务功能，维持生态环境的正常秩序，实现社会经济和生态环境的协调发展。

土地利用结构与生态系统服务功能价值变化的响应机制是目前我国学者研究的热点。在目前的研究成果中大多是基于土地利用数据，从人类对土地利用的角度出发，借鉴Costanza等的经济价值系数和全球测算方法，或者谢高地、陈仲新、张新时等的研究成果，对我国一些典型区域的生态系统服务价值展开了静态与动态的变化研究。在经济快速发展的今天，水资源开发利用对生态环境造成的影响不断加大，人类已经意识到对生态系统的干扰已经超出生态系统的承载能力，开始重视经济发展与生态环境的协调。在西北地区关于水资源配置研究中，有学者分析了社会经济-水资源-生态环境系统的相互依存、相互制约的关系和转化规律，提出了生态环境保护准则和生态需水量，并对国民经济用水和生态环境用水进行配置（图1.10）。

我国水土资源优化配置研究起步相对较晚，但是近几年学者在概念内涵、研究范围、技术方法与模型等方面都取得较高水平的成果，对水土资源的开发利用具有很强的指导意义。从研究内容上大致分为以下几种类型：第一种是以水资源作为约束条件，对土地利用

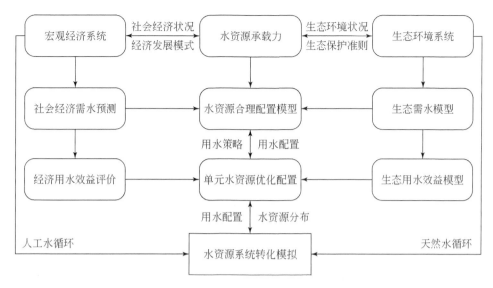

图 1.10　水土资源优化配置调控策略

结构或农业种植结构进行优化。例如，黄苏宁等（2013）以水利工程供水量，赵阳等（2018）以水域面积为约束条件对行政区域和水库流域的土地利用结构进行优化，张展羽等（2014）以灌溉水量为约束条件调整缺水区的农业种植结构，王天平等（2011）研究了不同生态环境需水量下的土地利用变化情况。第二种是对现有水土资源配置方案评价分析的研究。例如，童芳等（2010）提出了区域农业水土资源配置方案优选的 CMM-DCEM（Compatibility Maximum Model based Dynamic Combined Evaluating Model）模型。第三种是对农业水土资源的耦合关系进行研究。例如，郑重和张凤荣（2008）分析了系统耦合与农业水土资源优化配置的内涵和关系，提出了农业水土资源优化配置的耦合模型、技术以及模式；王丽霞等（2011）构建了水土资源耦合系统模型，并探讨多目标情景下"面向生态的"水土资源优化配置方案。第四种是关于农业可持续发展的水土资源优化配置的政策研究或水土资源利用的指标评价体系研究。水土资源优化配置中常用的模型有线性规划模型、多目标规划决策模型和动态规划模型，主要用于农业结构优化调整或单一作物和多种作物最优灌溉制度的确定。张正栋（1995）根据系统工程原理和线性规划方法，从节水角度出发建立了农业内部结构优化模型；王昕等（2004）以可耕地面积、分区可供水量、总可利用水量、资金及作物种植面积等为约束条件，采用多目标线性规划确定中低产田的多种农作物种植面积；李亚平等（2007）以大系统多级递阶结构的分解协调方法，建立了水土资源优化配置模型，实现了既对水资源在时间和区域上进行了合理的安排，又对农业种植结构进行了调整（图 1.11）。

第 1 章　生态安全与水土资源优化理论及研究进展

····31

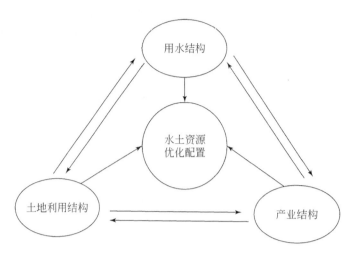

图 1.11　水土资源优化配置与结构调整

1.5　本书内容安排与总体目标

1.5.1　研究内容

从生态安全概念的提出到各个国家的具体研究实践已有二十多年，但是对于生态安全的研究，不同研究领域的研究者对生态安全的概念理解不同，生态安全的概念本身还没有形成一个共识。人们所生活的世界是一个"社会–经济–自然"复合的生态系统，是以自然环境为依托，人类活动为主导，资源流动为命脉，社会体制为经络的人工生态系统。复合生态系统演化的动力来源于自然和社会两种作用力。两者耦合导致不同层次的复合生态系统特殊的运动规律，从而产生复合生态系统的安全性问题。目前，基于复杂理论的区域复合生态安全问题研究处于起步阶段，还没有形成系统的研究框架，在生态安全格局构建与水土资源优化配置的机理分析、模型构建方法上还存在一定不足。本书旨在深入理解生态安全与水土资源优化配置理论，探索河西走廊绿洲区生态安全状况与水土资源优化策略等问题，共分为以下 8 个部分。

1）回顾生态安全与水土资源优化配置的相关理论研究进展。

2）河西走廊生态安全问题分析。

3）河西走廊绿洲区生态安全时空演变特征。

4）基于 CLUE-S 模型的河西走廊绿洲区水土资源优化配置策略。

5）基于 MCR 模型的河西走廊绿洲区水土资源空间优化策略。

6）河西走廊绿洲区生态安全与水土资源优化配置实践案例。

7）河西走廊绿洲区水土资源优化调控策略。

8）生态安全与水土资源优化配置理论及方法研究展望。

1.5.2　总体目标

本书以河西走廊为研究区，从自然环境、经济社会、生态环境三个方面分析河西走廊绿洲区当前所面临的现状与本书需要解决的问题及达到的目标，总结阐述了生态安全与水土资源优化配置相关理论与国内外研究进展。具体而言，第一，构建河西走廊绿洲区安全评价指标体系，通过选取活力–组织力–恢复力（VOR）模型，采用综合评价方法得到河西走廊生态安全综合空间分布特征，分析其生态安全时空分布与动态变化特征并探讨区域生态安全的空间相关性，为河西绿洲区生态安全的分区治理提供基础理论参考与政策支持。第二，选取 CLUE-S 模型，介绍其理论依据与该模型的基本框架及架构，厘清 CLUE-S 模型在水土资源优化配置中的基本流程，设置模型基本参数并进行结果精度验证。第三，选取最小累计阻力（MCR）模型提取生态廊道，介绍该模型的基本理论，计算累积耗费距离及其在地理空间中的栅格表达；提取生态源地、扩张源，构建生态阻力面，利用 MCR 模型提取生态廊道，构建河西走廊地区生态安全格局。第四，以石羊河与黑河两个典型流域为例，采用 CLUE-S 模型与 MCR 模型分别构建石羊河流域绿洲区与黑河流域绿洲区的生态安全格局并对其水土资源进行空间优化配置，依据生态格局空间分布提出相应优化策略，并分析影响其水土资源的影响因素。第五，基于以上评价方法，得到河西走廊总体生态安全格局空间分布状况，并对水土资源进行分区治理与重点要素管控，制定河西走廊绿洲区水土资源优化调控策略，为当地政府保护水土资源提供决策支持。第六，从大数据思维、人与自然再平衡战略、人与水土资源协调发展途径及发展战略总结生态安全与水土资源优化配置理论和方法，并对未来的生态安全格局保护与水土资源优化配置进行展望（图 1.12）。

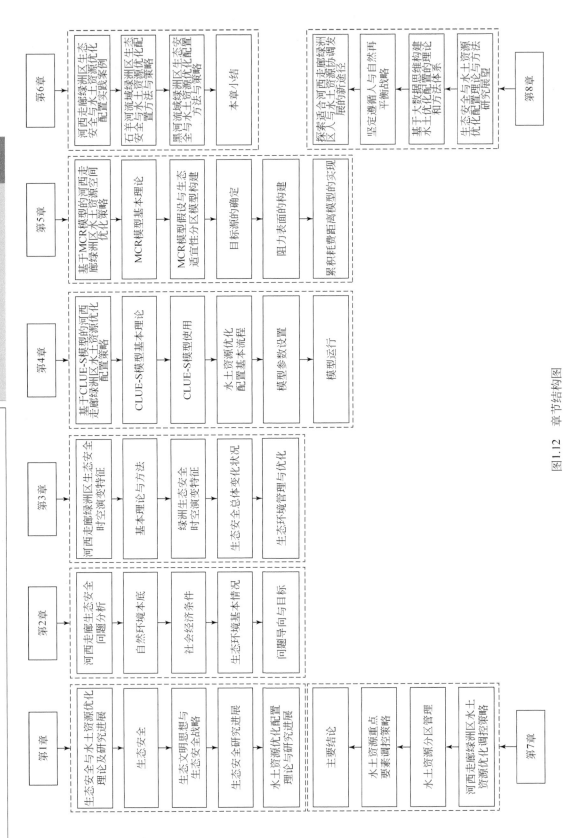

图 1.12 章节结构图

绿洲区生态安全与水土资源优化配置策略

第1章 生态安全与水土资源优化理论及研究进展
- 生态安全
- 生态文明思想与生态安全战略
- 生态安全研究进展
- 水土资源优化配置理论与研究进展

第2章
- 河西走廊生态安全问题分析
- 自然环境本底
- 社会经济条件
- 生态环境基本情况
- 问题导向与目标

第3章
- 河西走廊绿洲区生态安全时空演变特征
- 基本理论与方法
- 绿洲生态安全时空演变特征
- 生态安全总体变化状况
- 生态环境管理与优化

第4章
- 基于CLUE-S模型的河西走廊绿洲区水土资源优化配置策略
- CLUE-S模型基本理论
- CLUE-S模型使用
- 水土资源优化配置基本流程
- 模型参数设置
- 模型运行

第5章
- 基于MCR模型的河西走廊绿洲区水土资源空间优化策略
- MCR模型基本理论
- MCR模型假设与生态适宜性分区模型构建
- 目标源的确定
- 阻力表面的构建
- 累积耗费距离模型的实现

第6章
- 河西走廊绿洲区生态安全与水土资源优化配置实践案例
- 石羊河流域绿洲区生态安全与水土资源配置方法与策略
- 黑河流域绿洲区生态安全与水土资源优化配置方法与策略
- 本章小结

第7章
- 主要结论
- 水土资源重点要素调控策略
- 水土资源分区管理
- 河西走廊绿洲区水土资源优化调控策略

第8章
- 生态安全与水土资源优化配置理论与方法研究展望
- 基于大数据思维构建水土资源配置的理论和方法体系
- 坚定遵循人与自然平衡战略
- 探索适合河西走廊绿洲区人与水土资源协调发展的新途径

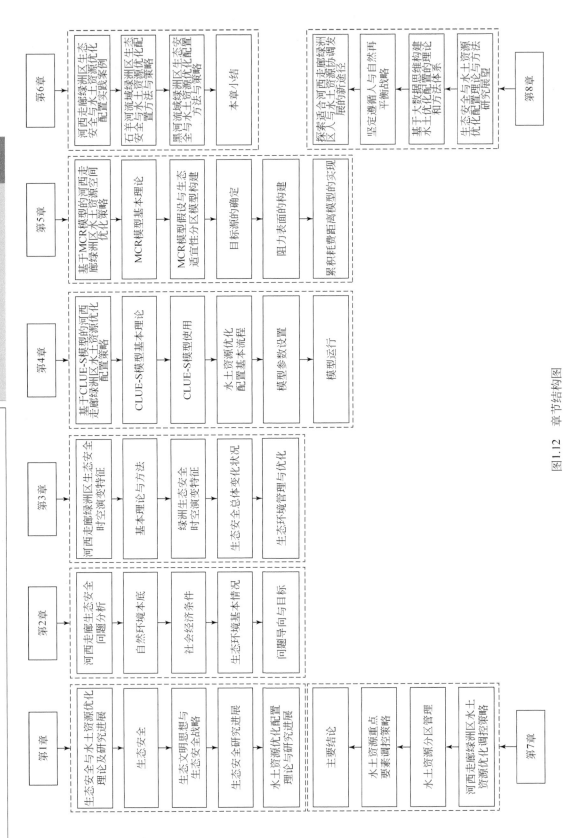

图 1.12 章节结构图

34

第 2 章

河西走廊生态安全问题分析

河西走廊既是我国东联西出的重要通道，又是区域发展的重要载体，既是我国西北重要的生态屏障，又是西北地区典型的灌溉农业区。经过 70 多年的建设，河西走廊在社会进步、交通基础设施建设、生态建设和农业发展等方面取得了非常显著的成就，但水资源越来越成为制约区域可持续发展的因子。1990 年之前河西走廊绿洲维持在相对稳定的状态，1990～2000 年开始迅速扩张，2010 年以后增幅仍很明显。河西走廊绿洲土地面积急速扩张加剧了区域水土资源的配置错位，农业生产用水严重挤占了生态用水的份额，在气候变化背景下进一步增强了生态环境的不确定性，对区域经济社会的可持续发展构成潜在威胁。干旱区水土资源开发利用始终是区域经济发展和生态建设之间博弈的关键，实现生态建设与农业可持续发展平衡，是诸如河西走廊等水资源非常有限区域亟待解决的重大战略问题。因此，本书以河西走廊为例，在分析水土资源开发利用现状的基础上，深入分析生态环境变化和农业发展的相互关系，提出平衡区域有限水资源供给下的生态建设与农业可持续发展的思路、原则和方法，为干旱地区生态文明建设和经济社会可持续发展提供参考。

2.1　自然环境本底

2.1.1　地理位置

河西走廊（92°21′～104°45′E，37°15′～41°30′N）位于甘肃省西北部，东起乌鞘岭，西至甘新边界，总面积约 $3.02×10^5 km^2$，约占甘肃省总面积的 60%。在行政区划上包括武威市、张掖市、酒泉市、金昌市和嘉峪关市五市（合称"河西五市"），中心城市为甘肃省武威市，共 20 个县区。其地势南高北低、东高西低，是祁连山脉与走廊北山（合黎山、龙首山、马鬃山）之间的呈东南—西北走向的狭长高平地，自古以来是我国与中亚、西亚等地之间的重要通道（图 2.1）。它从我国甘肃省张掖市开始，向西北延伸至新疆维吾尔自治区，止于博尔塔拉蒙古自治州，全长约 1800km。河西走廊南北宽 150～400km，东邻祁连山脉，西侧则是更广阔的西北干旱区，中间是塔克拉玛干沙漠。这个地区地势较为平坦，气候干燥，是中国极度干旱的地区之一。河西走廊自古就是中国中原地区沟通西域的交通要道，著名的丝绸之路从这里经过，大量的文化遗产坐落于此。其上有许多古代丝绸之路的重要城市，如张掖、敦煌等，也有许多历史悠久的文化遗址和自然景观，因地处祁连山以北、合黎山以南、乌鞘岭以西，被两山夹峙，故名河西走廊。

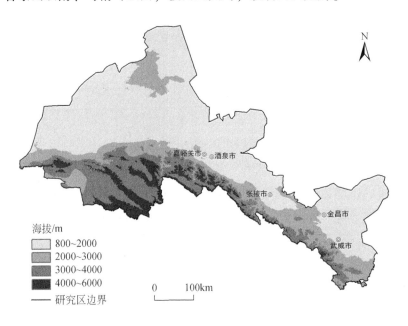

图2.1 河西走廊地理位置示意图

2.1.2 地形地貌

河西走廊地处青藏高原、黄土高原和阿拉善高原的交汇处，自然地理环境的空间差异极为显著，形成多样的地貌类型与地理景观。在地形地貌方面，河西走廊南边为海拔在4000m以上的祁连山脉，属于祁连山地槽边缘拗陷带。区域内地貌类型主要有高山、谷地、平原、绿洲、戈壁和沙漠，东面窄西面宽。地势自东向西、自南向北倾斜，地貌由东南向西北呈高山—盆地—次高山—沙漠—戈壁景观，据此可以将河西走廊地貌分为南部祁连山区、中部平原地区、北部荒漠地区三个地貌单元（图2.2）。大部分地区是山前倾斜平原和流水作用下的洪积、冲积扇联合平原，北边为龙首山—合黎山—马鬃山（北山），绝大多数山峰的海拔处于2000~2500m，一小部分山峰的高度超过了3600m。河西走廊地形比较平缓，在河流的下游部分，零星分散着冲积平原。沿河冲积平原处有着靠绿洲而形成的城市，如武威、酒泉等。冲积平原地区地势起伏小、浇灌方便、土壤肥沃，十分方便对其进行耕作，是河西走廊绿洲主要的分布地区。部分地区因为常年受风力和剥蚀的影响，形成了大片的戈壁和沙漠，特别是嘉峪关以西，戈壁和沙漠广布，绿洲较少。从山地上河流冲刷下来的大量泥沙累积在河西走廊山地的附近，久而久之变成了彼此连接倾斜的平原。

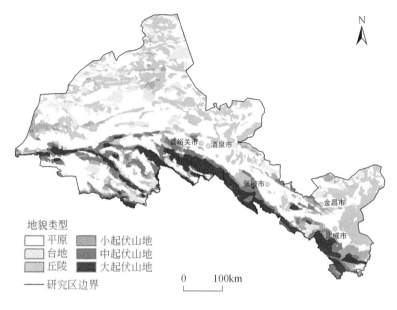

图2.2　河西走廊地貌类型图

2.1.3　气候水文

在气候方面，河西走廊位于高寒气候区，蒙新气候区与内陆季风气候区的交汇和过渡地带，气候属于典型的大陆性中温带干旱、半干旱气候，冬春两季易出现寒潮，夏季干燥风大沙多。太阳辐射强烈，年总辐射量为 $5500 \sim 6400 \mathrm{MJ/m^2}$，仅次于我国的青藏高原，年日照时间累计可达 $2550 \sim 3500 \mathrm{h}$，日照百分率达 $60\% \sim 75\%$。太阳辐射最大的地方在西部的玉门，最小的区域在东部的乌鞘岭，是我国太阳辐射量充裕、日照时数较多的地区之一。在水文方面，河西走廊中西部、南部年降水量呈现出增长的趋势，而东部、北部地区年降水量有减少的趋势（图2.3）。河西走廊内的石羊河、黑河和疏勒河三大内陆河形成了各自独立的水系，把河西走廊分成了武威—民勤盆地、酒泉—张掖盆地和安西—敦煌盆地，各个水系孕育了各自独立发展的绿洲灌溉区。石羊河流域位于河西走廊东端，它发源于终年积雪的祁连山北麓，流域覆盖甘肃省武威、金昌、张掖和白银4市9县区，全长约250km，孕育了丰富多彩的古凉州文化。黑河位于河西走廊中部，是河西走廊最大的河流，东西介于大黄山和嘉峪关之间，大部分为砾质荒漠和沙砾质荒漠，北缘多沙丘分布。疏勒河位于河西走廊西端，它发源于祁连山脉西段的托来南山和疏勒南山之间，横跨青海、甘肃、新疆三省区，全长约500km，流域面积约2万km²，它的下游多为盐碱滩，绿洲外围是面积较广的戈壁、沙丘。

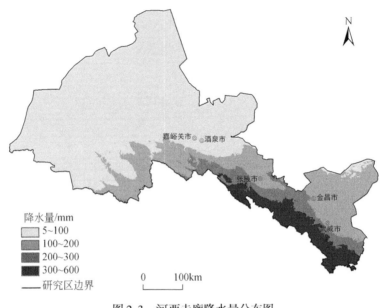

图2.3　河西走廊降水量分布图

2.1.4　自然资源

河西走廊地区蕴藏着丰富的矿产资源，已探明的储量矿产品达66种，各类矿床330多处，主要矿产有煤、铁、铜、镍、钴、铂族、金、银、石油以及非金属、冶金非金属和建材非金属等。河西走廊矿藏不仅种类多、储量大，而且一些矿种的品位也很高，镍、钴、硒、铂族（即铂、铱、钌、铑、钯等）以及铸型黏土的保有储量居全国首位，这些矿产资源对于地区的工业发展和能源供应具有重要意义。在水资源方面，内陆河地表水资源总量达到69.66亿m³，地下水资源为5.14亿m³，总水资源总量为74.8亿m³，加之民勤调水工程0.6亿m³的调水量，剔除黑河向下游内蒙古额济纳旗的供水量，河西地区实际可支配的水资源为66.5亿m³。河西地区年人均水资源占有量仅为1766m³，仅为全国年人均水资源（2200m³）的80%，是世界人均水资源值的1/5，亩[①]均水资源519m³，是全国

---

① 1亩≈666.67m²。

亩均值的1/3，是世界亩均值的1/4。地表水主要来源发源于祁连山脉的石羊河、黑河和疏勒河流域。河西走廊地区还具备一定的农业资源。由于地处干旱地区，农业以节水农业为主导，主要有粮食和经济作物种植，常见的作物有小麦、玉米、马铃薯、棉花、油料作物等。此外，该地区还以种植特色水果如葡萄、苹果、石榴等著称。河西走廊地区的风能和太阳能资源潜力巨大。该地区的大风和充足的日照条件为风力发电和太阳能发电提供了良好的自然条件，推动了可再生能源的发展。

2.1.5 土壤

河西走廊西部主要分布有棕色荒漠土，中部为灰棕荒漠土，东部则为灰漠土、淡棕钙土和灰钙土。其中，淡棕钙土分布在接近荒漠南缘的草原化荒漠地带；灰钙土分布在祁连山山前黄土丘陵、洪积冲积扇阶地与平原绿洲；灰棕荒漠土带的西端以石膏灰棕荒漠土为主，东端以普通灰棕荒漠土和松沙质原始灰棕荒漠土为主，东北部原始灰棕荒漠土和灰棕荒漠土型松沙土占显著地位（图2.4）。盐渍土类广泛分布于低洼地区，自东向西，面积逐渐扩大。草甸土分布面积则自东向西缩小。绿洲区的土壤类型较为多样，主要包括河流冲积土、黄土和沙质土壤等。河流冲积土是由河水冲刷和沉积形成的，富含养分和水分，并具有较好的保水能力。黄土是主要的土壤类型之一，在绿洲区有较高的矿物质含量。沙质土壤通常在沙丘和沙漠边缘地带出现，排水性较好但养分含量较低。由于干旱的气候条

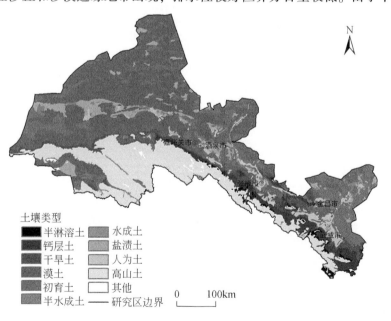

图2.4　河西走廊土壤分布图

土壤类型
半淋溶土　　水成土
钙层土　　　盐渍土
干旱土　　　人为土
漠土　　　　高山土
初育土　　　其他
半水成土　——研究区边界
0　　100km

件和有限的水资源，河西走廊的土壤普遍较为贫瘠，土壤肥力较低。此外，长期的人类活动以及过度的农业开发，导致土壤侵蚀和土地退化问题日益严重。

2.1.6 土地利用

河西走廊土地总面积为 2737.75 万 hm^2，约占甘肃省总面积的 64.3%。其中，湿地 74.13 万 hm^2，占该区域总面积的 2.71%；种植园用地 6.02 万 hm^2，占该区域总面积的 0.22%；林地 203.81 万 hm^2，占该区域总面积的 7.44%；草地 883.36 万 hm^2，占该区域总面积的 32.27%；城镇村及工矿用地 21.88 万 hm^2，占该区域总面积 0.80%；交通运输用地 12.44 万 hm^2，占该区域总面积的 0.45%；水域及水利设施用地 28.10 万 hm^2，占该区域总面积的 1.03%；其他土地 1508.01 万 hm^2，占该区域总面积的 55.08%。从河西走廊土地利用分布情况可以看出（图2.5），未利用地的类型分布面积较大，大部分在河西走廊的北部，草地和林地的分布大多在河西走廊的南部，耕地的分布较为零散，水域和建设用地的类型分布较少。

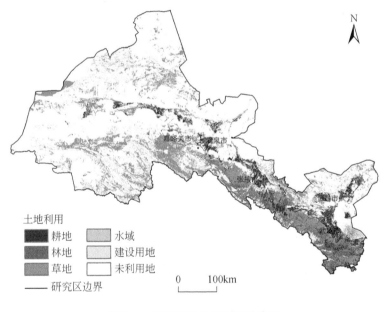

图 2.5 河西走廊土地利用分布图

2.1.7 植被

河西走廊主要的植被类型有温带荒漠草原、温带和暖温带荒漠等（图2.6）。温带荒

绿洲区 生态安全与水土资源优化配置策略

40 ....

漠草原位于河西走廊东段，主要类型包括戈壁针茅荒漠草原、沙生针茅荒漠草原及短花针茅草原。荒漠主要分布在河西走廊的中西部，主要的植被类型有梭梭、裸果木、蒙古沙拐枣、合头草、红砂、大白刺等，在高海拔地区分布有草原植被，如大黄山东南坡的针茅、冰草草原。走廊内的森林分布比较少，主要有两大类：一类是黑河、石羊河下游沿岸的胡杨和沙枣林，另一类是位于大黄山阴坡的小片青海云杉林。地带性植被主要由超旱生灌木、半灌木荒漠和超旱生半乔木荒漠组成。东部荒漠植被具有明显的草原化特征，形成较独特的草原化荒漠类型，如珍珠猪毛菜群系、猫头刺群系，除常见的荒漠种红砂、合头草、尖叶盐爪爪等，还伴生有不同程度的草原成分，主要有沙生针茅、短花针茅等。西部分布砾质戈壁和干燥剥蚀石质残丘，生态环境更加严酷。砾质戈壁分布有典型的荒漠植被，如红砂、膜果麻黄、泡泡刺、裸果木等群落类型。流动沙丘常见有沙拐枣、沙蓬、沙芥等。固定沙丘常见有多枝柽柳、大白刺、白刺等。疏勒河中、下游和北大河中游有少量胡杨和尖果沙枣林。湖盆低地由于盐化潜水补给的特殊生境，分布有盐爪爪、盐角草。河流冲积平原上分布有芦苇、芨芨草、甘草、骆驼刺等组成的盐生草甸。为防止风沙和干热风侵袭，绿洲地区多采用钻天杨、青杨、新疆杨、沙枣等营造防风林带，效果显著。

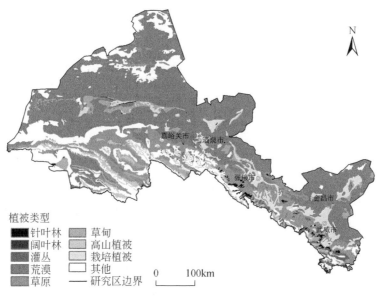

图2.6 河西走廊植被类型图

2.2 社会经济条件

2.2.1 经济发展水平

河西走廊五市经济发展水平差异较大，在甘肃省14个地级市中的排名如图2.7所示。5个城市中，地区生产总值最高的为酒泉市，2023年实现地区生产总值908.7亿元，在甘肃省内各市中经济总量排名第三位；武威市2023年实现地区生产总值708.08亿元，在甘肃省内各市中经济总量排名第五位；张掖市2023年实现地区生产总值608.01亿元，在甘肃省内各市中经济总量排名第八位；金昌市2023年实现地区生产总值567.73亿元，在甘肃省内各市中经济总量排名第十一位；嘉峪关市2023年实现地区生产总值382.8亿元，在甘肃省内各市中经济总量排名第十三位。总体上看，河西走廊五市在经济发展水平还处于中下水平，但由于河西走廊地区各市人口相对较少，从人均GDP来看，五市人均GDP排名靠前，说明该地区经济发展效率相对较高，工业体系较为完整，既是我国重要的生态安全屏障，也是我国交通、能源、通信、物流战略大通道和"一带一路"建设重要路段。

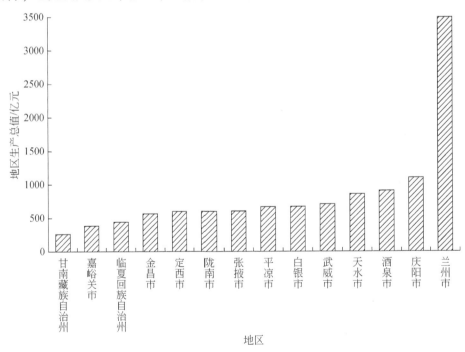

图2.7 甘肃省14市（州）地区生产总值

我国新发展格局的构建、"一带一路"建设、西部陆海新通道建设的深入推进、新时代西部大开发新格局的推进形成、黄河流域生态保护和高质量发展及乡村振兴战略的深入实施，为河西走廊经济发展建设和推动高质量发展提供了新的发展机遇。

2.2.2 人口概况

截至2023年末，甘肃省的常住人口为2465.48万人，全国排名第22位，尤其是河西走廊地区，总人口规模相对较小，与我国其他地区相比人口密度较低。截至2023年末，河西走廊五市的常住总人口共433.2万人。其中，张掖市年末常住人口110.46万人，城镇人口60.60万人，城镇化率为54.86%；武威市年末常住人口142.73万人，比上年末减少1.78万人，城镇人口72.60万人，城镇化率为50.87%，比上年末提高1.52个百分点；金昌市年末常住人口43.20万人，比上年末减少0.24万人，城镇人口34.49万人，城镇化率为79.83%，比上年末提高0.93个百分点；嘉峪关市年末常住人口31.50万人，城镇常住人口29.82万人，城镇化率为94.67%；酒泉市年末常住人口105.31万人，城镇人口69.40万人，城镇化率达65.90%。可以看出2023年末张掖市、武威市、金昌市、嘉峪关市、酒泉市的常住人口占河西走廊五市的常住总人口的比例分别为25.50%、32.95%、9.97%、7.27%和24.31%，武威市的人口占河西走廊地区的比例较大，而嘉峪关市人口占比较小（图2.8）。河西走廊地区是我国少数民族聚居地区之一，包括回族、维吾尔族、哈萨克族、蒙古族等。这些少数民族拥有独特的文化传统和生活习俗，丰富了该地区的多元文化。从少数民族的分布状况来看，藏族主要聚居在河西走廊祁连山的东、中部地区，蒙古族、裕固族和哈萨克族主要分布在河西走廊祁连山的中、西部地区。

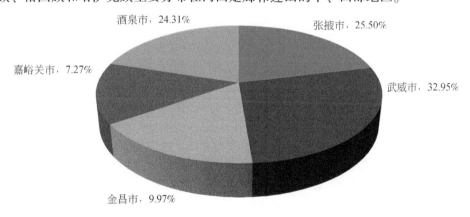

图2.8 河西走廊五市人口占比情况

2.2.3 产业结构

河西走廊五市中，张掖市的产业结构主要由农业、工业和服务业三大产业构成，其中服务业增长最快，农业和工业也保持了稳定增长。2023 年，张掖市实现地区生产总值 608.01 亿元，按不变价格计算，比上年增长 5.5%。其中，第一产业增加值 178.36 亿元，比上年增长 6.0%；第二产业增加值 119.55 亿元，比上年增长 1.0%；第三产业增加值 310.10 亿元，比上年增长 6.7%。武威市的产业结构主要由农业、工业和服务业三大产业构成，其中工业增长最快，农业和服务业也保持了稳定增长。2023 年，武威市实现地区生产总值 708.08 亿元，按不变价格计算，比上年增长 7.0%。其中，第一产业增加值 232.35 亿元，比上年增长 6.4%；第二产业增加值 127.91 亿元，比上年增长 7.6%；第三产业增加值 347.82 亿元，比上年增长 7.1%。金昌市的产业结构主要由农业、工业和服务业三大产业构成，其中工业增长最快，农业和服务业也保持了稳定增长。2023 年，金昌市实现地区生产总值 567.73 亿元，按不变价格计算，比上年增长 11.5%。其中，第一产业增加值 34.92 亿元，比上年增长 4.7%；第二产业增加值 403.50 亿元，比上年增长 13.5%；第三产业增加值 129.31 亿元，比上年增长 8.5%。嘉峪关市的产业结构主要由农业、工业和服务业三大产业构成，其中服务业增长最快，农业和工业也保持了稳定增长。2023 年，嘉峪关市实现地区生产总值 382.8 亿元，按不变价格计算，比上年增长 8.7%。其中，第一产业增加值 7.12 亿元，比上年增长 5.6%；第二产业增加值 248.4 亿元，比上年增长 7.1%；第三产业增加值 127.3 亿元，比上年增长 11.7%。酒泉市的产业结构主要由农业、工业和服务业三大产业构成，其中工业增长最快，农业和服务业也保持了稳定增长。2023 年，酒泉市实现地区生产总值 908.7 亿元，按不变价格计算，比上年增长 8.9%。其中，第一产业增加值 151.4 亿元，增长 6.6%；第二产业增加值 403.8 亿元，比上年增长 10.8%；第三产业增加值 353.5 亿元，比上年增长 8.1%。

2023 年，河西走廊五市三次产业增加值的占比情况为 19.03∶41.04∶39.93，第二产业占比最大，第三产业次之，而第一产业占比最小。甘肃省 2023 年地区生产总值 11863.8 亿元，三次产业增加值的占比情况为 13.8∶34.4∶51.8（图 2.9）。与甘肃省相比较可以看出，河西走廊五市在第一产业与第二产业的增长速率较快。

分区域看，河西走廊县域三次产业结构可分为三种类型：三二一，三大产业占比按照由高至低的顺序排列，分别为第三产业、第二产业和第一产业；二三一，第二产业拥有最高占比，接下来是第三产业，第一产业占比最低；三一二，第三产业占比最高，第一产业

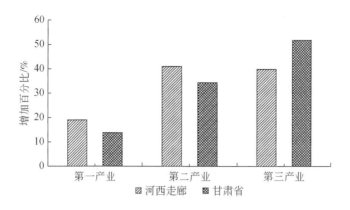

图 2.9　河西走廊与甘肃省产业结构占比图

次之，第二产业占比最低。三一二类型的县域，农业占比大，工业化水平较低，第三产业主要为县域内的居民服务，总体是河西走廊区域经济发展水平最低的县域。呈二三一产业结构的县域，工业化水平相对较高，且分布着河西走廊乃至甘肃省主要的能源资源和矿产资源密集型产业，包括有色金属冶炼、煤炭开采等，人均 GDP 也较高。呈三二一产业结构的县域中，除地级市政府所在区和县级市外，其他县域呈现出了更为复杂的情况，人均 GDP 介于最高县域与最低县域之间（表 2.1）。

表 2.1　2023 年河西走廊各县（市、区）三次产业结构

产业结构	县（市、区）
三二一	敦煌市（13.5∶20.1∶66.4），肃州区（16.9∶27.6∶55.5），阿克塞县（11.7∶27.3∶61.0），天祝县（25.1∶27.5∶47.4），肃北县（16.9∶27.6∶55.5），永昌县（19.3∶36.7∶44.0）
二三一	瓜州县（18.6∶46.5∶34.9），玉门市（10.6∶73.8∶15.6），金川区（2.59∶80.40∶17.01），嘉峪关市（1.9∶64.9∶33.2）
三一二	甘州区（25.1∶15.6∶59.3），凉州区（26.9∶17.6∶55.5），高台县（37.8∶16.5∶45.6），肃南县（25.1∶16.5∶59.3），金塔县（25.87∶19.71∶54.42），临泽县（35.1∶16.9∶48.0），古浪县（44.11∶10.32∶45.57），民勤县（28.5∶17.2∶54.3），民乐县（35.3∶18.8∶45.9）

注：阿克塞县全称阿克塞哈萨克族自治县，简称阿克塞县；天祝县全称天祝藏族自治县，简称天祝县；肃北县全称肃北蒙古族自治县，简称肃北县；肃南县全称肃南裕固族自治县，简称肃南县

2.2.4　社会服务发展水平

河西走廊在科学技术水平方面取得了一定的进展，部分地区应用了一些高效的灌溉系统和水资源调度技术，以提高水资源利用效率。同时，开展了一系列荒漠化治理和生态恢

复项目，包括植被恢复、土壤保护和防风固沙等技术。科学家们还在该地区进行气象观测、气候模拟和气候变化研究，以了解气候变化趋势和影响，并提出相应的适应策略。此外，为了保护河西走廊的生态环境，科学家们利用遥感技术、地理信息系统和生物多样性监测等技术手段，对该地区的生物多样性、植被覆盖、土地利用和生态系统健康状况进行监测。通信服务水平在近年来也有了显著改善，城市和主要乡村已经覆盖了较为完善的移动通信网络，包括2G、3G、4G和5G网络。移动运营商不断扩大基站建设，提高通信信号覆盖范围和质量，以满足用户对高速数据传输和稳定通信的需求。

河西走廊地区的基础教育发展较为完善，普及率逐步提高。各级政府重视基础教育，加大对学校建设的投入，提高教育设施和师资条件，城市和县城地区的小学和初中相对较为齐全，学生入学率较高。河西走廊地区应注重职业教育的发展，为学生提供多样化的职业技能培训和教育机会。目前，河西走廊地区职业学校和技术学院设立较多，开设各类职业课程和培训项目，培养具备实际技能的专业人才。尽管教育服务水平有所提升，但河西走廊地区仍存在城乡和地区之间的教育资源差距。城市地区的教育资源相对充足，包括学校数量、师资力量和教育设施等；而偏远农村地区和边境地区的教育资源相对匮乏，学校数量较少，教师队伍相对薄弱。

近年来河西走廊地区的医疗卫生服务水平有所提升，医疗资源逐步增加。主要城市设有大型综合医院、专科医院和社区卫生服务中心，能够提供较为全面的医疗服务。此外，各地也不断加强基层医疗机构的建设，以提供基本的医疗服务，并且逐渐引进和更新医疗设备和技术，以提高医疗服务的质量和水平。同时，一些医疗机构也积极引进新的医疗技术和手术技术，提高治疗效果和手术安全性。各级政府和医疗机构加大对医学院校的支持力度，培养更多的医学专业人才，并通过引进高水平医疗人才和专家，提高医疗团队的整体素质和医疗技术水平。

河西走廊地区社会保障体系逐渐健全，包括养老保险制度逐渐完善，为参保人员提供基本的养老金待遇。居民在工作期间按规定缴纳养老保险费，达到退休年龄后可以享受养老金的领取。政府不断加大对养老保险制度的改革力度，提高养老金水平和覆盖范围。医疗保险制度也在逐步完善。居民可以参加城镇职工基本医疗保险、城镇居民基本医疗保险或农村合作医疗等不同类型的医疗保险，享受基本医疗保障。政府还通过建立医保定点医疗机构和药品目录等方式，提供医疗服务的选择和保障。河西走廊地区的失业保险制度为失业人员提供一定期限内的失业救济金和职业培训等支持。居民在就业期间按规定缴纳失业保险费，一旦失业可以获得一定的经济援助和就业帮扶。对于特殊困难群体，河西走廊地区的各级政府建立了社会救助体系，提供临时救助、低保和特困人员救助等服务。这些救助措施旨在帮助经济困难或特殊困难的人群改善生活条件。

2.2.5 历史文化地位

(1) 多元文化交汇的文明过渡地带

河西走廊地处黄土高原农耕区与青藏高原游牧区交错过渡的地带，也是我国汉藏民族的边缘和交汇地带，自古以来就是一个多民族聚居之地。从地理位置上看，古代许多少数民族曾在这里迁徙活动，世代繁衍生息，千百年来，羌、戎、吐蕃、西夏等少数民族文化与汉文化多维并存，是我国重要的多民族聚居区之一。自"张骞凿空"以来，河西走廊成为连接内地和西域的重要通道，为古丝绸之路的一部分。汉武帝时期，在河西先后设武威、酒泉、张掖、敦煌，史称"河西四郡"，保证了丝绸之路的畅通。张掖作为河西四郡之一，以其著名的丹霞地貌闻名，取"断匈奴之臂，张中国之掖（腋）"之意（图2.10）。敦煌莫高窟是纵贯中国北方南北的古丝绸之路上的重要艺术、佛教文化传播的中心。多元文化之间经过长期的深刻互动，互为条件，相互影响，呈现出多元丛生的文化状态。

图 2.10　张掖丹霞地貌

(2) 联通亚欧、守望中原的交通要道

历史上，横贯东西的河西走廊，以其北望蒙古高原、南邻青藏高原、东连关陇、西接西域的战略地形实现了国家对地方的有效管控，自古以来维护着国家安全和政治稳定。在古代，河西走廊是中原王朝经营西域的咽喉与门户。从东西位置上看，河西走廊以关隘的形象维持着中原稳定。从南北位置上看，河西走廊连接着蒙古高原和青藏高原。如今天祝县的乌鞘岭是西北门户，也是河西走廊的门户（图2.11）。

图 2.11　天祝县乌鞘岭

（3）协调发展、交流交融的民族走廊

河西走廊是一条由多个大小不一的绿洲连缀而成的狭长走廊，其中绿洲是人们主要的聚居地。在自给自足的自然经济模式下，游牧民族利用河西走廊丰美的水草资源从事牧业生产，并与传统的农耕民进行贸易活动，其绿洲城市——敦煌、酒泉、张掖、武威等作为商业中转站连缀周边的绿洲，形成地方市场和商业网络。西汉王朝设立河西四郡以后，社会的频繁交往促进了河西走廊农牧商之间的互利互济。同时，河西走廊以宽容并包的情怀接纳了众多民族，历经千年，积淀了丰厚的多民族文化，成为我国历史上持续时间最长、规模最大、文化积淀最为深厚的民族走廊。它十字路口的枢纽优势加上丝绸之路的畅通，为多民族的交流、交融共生提供了更为便利的条件，在漫长的社会交往中，河西走廊地区成为各民族和谐共存的理想地带，不同民族的文化也都在此交汇聚集，多种宗教在这片土地各放异彩。如今河西走廊分布有汉、藏、裕固、蒙古及哈萨克等众多民族，其中祁连山下的裕固族是河西走廊上独具特色的少数民族之一。

2.3　生态环境基本情况

2.3.1　生态地位

（1）河西走廊是中国西部重要的生态安全屏障

河西走廊的地理位置十分特殊，它位于青藏高原、内蒙古高原和黄土高原的交汇处，区域内跨越了西北干旱区和青藏高原区，它居于黄河上游地带，同时又是诸多内陆河的发源地与流经地。这种特殊的自然地理特性使河西走廊承担着许多重要的生态功能，如水源源头保护、防风固沙、水源涵养和保护生物多样性等（图 2.12）。如果河西走廊地区生态环境遭到严重破坏，不仅会制约甘肃省的经济发展与社会进步，而且会给黄河中下游、东中部省份带来生态隐患，甚至会影响到国家的生态环境安全。

图 2.12　张掖国家湿地公园

（2）河西走廊是重要的生态过渡带

河西走廊横跨我国北部至西北的广袤地带，是东亚和中亚之间的生态过渡带，连接了中国内陆和西亚内陆。它自黄河流域向西延伸，成为连接亚欧大陆生态系统的重要桥梁。河西走廊地区的河流和湖泊众多，植被种类繁多，是我国生态环境的重要组成部分，其地处干旱、半干旱地区，气候干燥，植被生长相对困难。然而，这一地区的独特地理位置使得它成为大量鸟类迁徙的通道和栖息地，许多稀有鸟类在这里栖息繁衍。此外，河西走廊还是多种动物和植物的重要分布区域，其中一些物种是特有的。河西走廊作为重要的生态过渡带，不仅对我国本土的生态环境具有重要作用，还对全球生态系统的稳定具有一定影响（图 2.13）。

（3）河西走廊是重要的交通要道

南北两面山体夹峙，中间绿洲广布，使河西走廊自古就成为举世闻名的陆上交通咽喉。从国家总体战略规划来看，河西走廊具有重要的战略意义。它承载着东西的交通往来和文化交流，是中东部省区通往西部省区和中亚国家的咽喉要道，具有承东启西、连接南北的区位优势。它连接着祖国内陆与西部边疆，是与西北少数民族聚集区加强连接的必经之路。在"一带一路"建设中，河西走廊地区位于甘肃"丝绸之路经济带"的核心位置，

图 2.13　沙草过渡带

是我国中东部地区向西开放的前沿地带。因此在维护国家和谐稳定、促进各民族团结发展和社会经济繁荣等方面，河西走廊地区具有不可替代的战略意义。

（4）河西走廊生态对社会经济发展具有重要影响

疏勒河流域在河西走廊西端，它形成的敦煌绿洲为农耕与城市发展提供了依托；黑河流域与石羊河流域流经河西走廊的中部与东部，形成了重要的绿洲，为当地农业和城市发展提供了条件，张掖、临泽、武威、民勤等城市均位于此，是河西走廊重要的农业生产区。河西走廊的商品粮产量占甘肃全省的70%左右，同时它也是西北内陆地区最主要的商品粮基地和经济作物集中产区。河西走廊的矿产资源十分丰富，石油、煤、镍矿及铁矿等自然资源在河西走廊上均有大型矿点分布，有"聚宝盆"之称。此外，这里有色金属资源储量丰富，位于河西走廊的金昌被称为"镍都"，金昌的镍和铂族金属的产量分别占全国总量的85%和90%以上。同时河西走廊因地形地势和气候因素影响，日照强烈风力巨大，其光能和风能资源潜力也十分巨大。因此，河西走廊生态环境的稳定与否对地区社会经济发展有着举足轻重的作用。

2.3.2　生态系统类型

河西走廊是一个生态环境脆弱的地区，具有多样的生态系统。河西走廊常见的生态系统包括（图2.14）：①沙漠生态系统。河西走廊主要由戈壁和沙漠地形组成，其中最著名的是塔克拉玛干沙漠，这些沙漠地区的生态系统特点是干燥、贫瘠、植被稀疏，主要由沙丘、沙生植被和荒漠植被组成。②草原生态系统。河西走廊地区的东部和西部边缘地区存在一些草原生态系统，这些草原地区的气候条件相对较好，植被丰富，主要由草地、灌丛和稀疏的树木组成，草原生态系统对于维持当地的生物多样性和食物链起着重要的作用。③湿地生态系统。河西走廊地区的绿洲和内陆湖泊是重要的湿地生态系统，这些湿地地区具有较高的生物多样性，提供了重要的栖息地和迁徙站点，对于候鸟和其他水生生物具有重要意义。④山地生态系统。河西走廊地区的南部和北部存在山地地形，这些山地地区构成了重要的生态系统，山地生态系统具有丰富的植被和动物群落，提供了重要的水源和生物多样性。⑤农田生态系统。在河西走廊地区的一些农业区域，农田生态系统成为主要的生态系统类型，这些农田提供了粮食和农产品，但也面临着土地退化和水资源短缺等环境问题。这些生态系统相互关联，共同构成了河西走廊地区的生态环境。保护和恢复这些生态系统对于维持当地的生态平衡、提升生态环境质量和促进可持续发展至关重要。

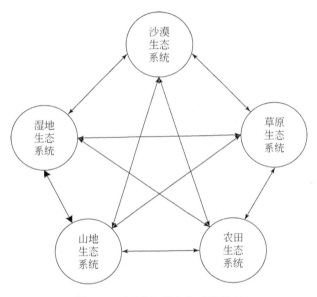

图2.14 河西走廊生态系统类型

2.4 问题导向与目标

2.4.1 主要生态问题

河西走廊由于地理位置和历史等原因，一直处于低水平的发展状态。一般认为，经济发展水平低的地区，人为活动相对较少，因此环境破坏污染的程度也相对较低。但是，在经济不发达的状态下，人们更多的考虑是如何发展，尽己所能地改变自身的生活，却往往忽视了环境污染和生态破坏。一直以来受气候、历史等因素影响，加之早先的人为破坏，目前河西走廊生态环境十分脆弱。其原生不稳定的生态环境赋予了它天然的脆弱性，这使得它容易受到人为活动的不利影响，从而引发各种生态环境问题。生态问题将成为河西走廊地区在未来"丝绸之路经济带"发展规划中所要面临的最大障碍。区域主要存在以下几个方面的生态问题。

(1) 水资源匮乏，水生态污染加剧

自从 20 世纪 60 年代以来，由于我国西北地区暖干化趋势明显，河西走廊南部祁连山区冰川与积雪融化，地表径流与地下水减少。从 1961 年以来，河西走廊内陆河流域三大水系冰川融水径流量逐年增加，至 2000 年以后达到最大，三大水系融水径流量高达 14.8 亿 m^3。从水资源供给和需求两方面来看，河西走廊内陆河流域用水量是 75.364 亿 m^3，流域缺水量是 4.72 亿 m^3，缺水程度为 5.9%，属于资源性缺水。与此同时，地下水矿化度已超过 5g/L，并每年以 0.12g/L 的速度不断增加，水质恶化进一步扩大了本区可利用水资源的缺口。

河西走廊水资源总量约占全国水资源总量的 0.2%，人均水资源占有量是全国人均水平的 65%。此外，河西走廊的农业是用水"大户"，超过一半的地表水均用于农业灌溉，农业灌溉耗水量巨大，农业灌溉方式多为传统的灌溉方式，农业基础设施落后，农田改造缓慢，铺设的水利工程网点稀疏，造成严重的水资源浪费，加剧了水资源短缺的现状。在河西走廊地区，工农业发展造成局部地区不可逆的污染和破坏，本来就水源短缺的河西走廊将面临长期缺水的困境，而水却是目前没法造出来的，只能保护。河西走廊的生生不息和兴衰存亡，完全依赖于祁连山以及祁连山孕育的三大内陆河流——石羊河、黑河和疏勒河。同时，近年来红崖山水库还有水，但蓄水量减少，水位逐步下降（图 2.15）。日益枯竭的红崖山水库水资源严重制约并威胁着河西走廊的持续发展。

(2) 植被、草场破坏严重

河西走廊的工业化发展大规模侵占了自然空间，导致大面积植被破坏和绿洲草场严重退化，植被的破坏进而使草场功能丧失，引发严重的生态问题。河西走廊的森林覆盖率在甘肃省处于最低水平。绿洲原本依赖于良好的水土资源，但随着人活动范围的持续扩大，直接侵占了原本天然植被茂盛、水土质量优良的区域，使得绿洲周边的天然植被面积越来越少。长期以来，受自然干旱、风蚀、水蚀和沙尘暴等自然灾害的侵袭，加之人为的过度放牧、滥垦乱伐、大量樵采和无限制开矿等行为活动，河西走廊的草地退化严重，并开始大面积缩减。

图 2.15　红崖山水库水量减少

河西走廊地区草场类型多、面积广阔，但祁连山自然保护区内的草原过度放牧现象较为普遍，超载放牧对草地的破坏更为直接且迅速，导致部分区域生态严重退化。在荒漠化区域，以农作物高产为目标的水资源的过度开发，进一步加剧了天然草场的大面积退化。人工水库的建设虽然对水资源管理有一定作用，但也对上游水资源造成了截留。同时，对地下水的过度开采，使得地表水资源不断减少，导致大面积草场退化。

河西走廊的天然林主要分布在南部的祁连山区，祁连山森林植被在 20 世纪中期覆盖曾高达 55 万 km²，经过几十年的开发和利用，森林植被面积仅存 29 万 km²，覆盖率降低至 13%。张掖市于 20 世纪中期人工建成的防风固沙林，目前已有近 1/4 的面积枯死。石羊河流域的天然灌丛和荒漠草场退化总量也达到了一定规模，民勤湖区有 50 万亩灌木林枯死，民勤绿洲于 20 世纪中叶人工建成的森林面积近 3000hm²，由于地下水位下降，近 1/10 已经全部枯死。黑河下游胡杨林的现存量仅为 70 年前的 1/4。疏勒河下游敦煌的西湖国家级自然保护区湿地面积缩减了 4/5，并呈逐年萎缩趋势。

（3）土地沙漠化与次生盐渍化蔓延

甘肃沙化地和盐渍地主要分布在河西走廊，土地沙漠化和次生盐渍化是河西走廊地区严重的生态问题（图 2.16）。河西走廊处于三大沙漠和三大高原的交汇处，地形复杂，地貌多样，由于风力侵蚀作用，戈壁和沙漠在此广泛分布。在温带大陆性干旱气候条件下，河西走廊降水较少且年际变化大，太阳辐射强烈，昼夜温差大。加之河西走廊位于两山夹缝之间，狭管效应导致风大沙多。随着植被覆盖度和湿度的降低，地表干旱程度增加，地表沙化的概率大大提高。因而，河西走廊的土地沙漠化与次生盐渍化极其严重，治理难度较大。

图 2.16　土壤次生盐渍化

目前，河西走廊的土地沙漠化与次生盐渍化已对西北地区生态环境构成严重威胁，沙漠化导致土地生产力的严重衰退并造成严重的经济损失，对社会经济的可持续发展也造成极大的负面影响。河西走廊处于腾格里、巴丹吉林和库木塔格三大沙漠的交汇地带，沙漠化的扩张大部分是基于原有沙质地表恶化或向前推进。河西走廊地区气候干燥，水分蒸发强烈，在农业灌溉区，不合理灌溉、排水不畅、单一作物等原因容易造成土壤直接裸露，裸露的土地变得更加脆弱，无法抵御风沙的侵蚀。

河西走廊降水少、蒸发大，土壤母质在干旱的气候条件下形成 179.8 万 hm^2 面积的盐渍土，约占河西走廊地区土地总面积的 6.4%。主要分布在民勤、酒泉、张掖、武威等 19 个县（市），盐渍面积和含盐量由东南向西北不断地扩大和提高。河西走廊平原区土壤盐渍化造成地质环境恶化、农田废置、土壤结构变化等严重后果，并给河西走廊三大河流各个灌溉区的农业生产带来重大困扰。目前，河西走廊盐渍化面积为 977.45km^2。温室效应使祁连山雪线上升，这在一定程度上加剧了土地退化。此外，过度放牧和毁林毁草等开荒问题对生态环境造成了严重破坏，进一步加剧了土地沙漠化和土壤盐渍化的问题。

2.4.2　生态问题产生的原因分析

(1) 严酷的自然环境是生态问题产生的自然基础

河西走廊属于大陆性中温带干旱、半干旱气候，降水量少，而蒸发量大，导致区内多呈现出荒漠景观。戈壁荒漠面积大，沙源深广、土壤贫瘠，防风固沙林稀疏，加上春季多大风、少降水的天气，河西走廊的砂质地表易被侵蚀，砂砾持续往绿洲迁移集聚，造成沙漠对绿洲的侵蚀。而祁连山降水集中地区，风化壳深厚，地表土壤质地疏松，水蚀严重。地表裸露、植被覆盖率降低，加上风力侵蚀和流水侵蚀双重作用，导致河西走廊地区土壤次生盐渍化、土壤沙化、植被退化、森林破碎、坡地水土流失等一系列严重后果。

（2）人口以及贫困是生态问题产生的社会原因

河西走廊地区耕地面积仅为 1028.23 万亩，仅占河西走廊地区土地总面积 0.38%。河西走廊地区人口已超过 400 万人，人口密度为 15.84 人/km²，远高于干旱区国际标准的合理人口数量。但在河西走廊复合生态系统中，只有 2.04 万 km² 的绿洲才有养育人口功能，通过测算，河西走廊绿洲的承载人口已经达到 212.35 人/km² 以上。突出的人地矛盾，给河西走廊生态环境和土地承载能力造成极大压力。河西走廊地区经济相对落后，仅占甘肃省地区生产总值的 30% 左右。同时，河西地区较为落后的经济也限制了当地的教育事业的发展，居民的环境保护意识也有待提高。

（3）水资源缺乏科学合理的利用是最主要的根源

河西走廊三大内陆河流域水土资源利用过度且效率低下。按照世界现行标准，水资源开发利用率只有不超过 40% 才不会对生态系统造成压迫，而我国一般采取的标准为 70%。资料显示，就河西走廊内陆河的水资源开发利用程度而言，石羊河流域是 172%，黑河流域是 95%，疏勒河是 73.6%，远高于我国一般标准。河西走廊地区几十年来过度开垦耕地，农业灌溉与生态用水矛盾突出，地表水供给不足，地下水开发利用过度，两者综合作用的结果就是河流下游地下水位下降，乔木林和灌木林大面积枯死，绿洲面积缩小，荒漠化和土壤沙化问题加剧。总而言之，水资源缺乏科学合理的利用导致河西走廊三大内陆河流域生态处于崩溃边缘。

2.4.3　科学目标

河西走廊作为我国西部重要的生态安全屏障，在国家西部生态安全视域下，其生态极其重要而又脆弱敏感。目前，河西走廊面临的生态退化风险及隐患仍然很大，其中水资源匮乏、沙漠侵蚀前移、祁连山林草退化及工业领域生态环境压力是生态环境领域存在的四个关键性问题。针对这四个关键生态问题，相应的在治理路径上应重点从系统治水、治沙锁边、护山植绿和减污降碳四个方面入手。同时，为了保障治理路径有效实施，还应进一步健全高效节水机制、重大生态风险预防机制、祁连山生态补偿机制、严格的监督考核机制、宣传教育常态化机制和生态保护治理激励机制。其最终目标是围绕治理河西走廊关键生态问题这一核心，以四个关键生态问题为靶向、四个方面治理路径为手段、六种治理机制为保障，通过系统思维将生态治理靶向、路径、机制有机融合统一起来，建立"围绕中心，重点治理，有效保障"的河西走廊关键生态问题系统治理新模式。

河西走廊地方政府的生态治理手段包括：①行政手段。这是目前河西走廊地区生态治理的最主要手段，主要内容包括环境保护政策制定、划定自然保护区、发放环境保护相关的各类许可证、实施生态移民、植树造林及关井压田保护措施等。②法律手段。政府通过制定各种条例、制度、办法，对各主体的生态权利和义务进行明确，规定人们的禁止行为和限定行为。对于违反相关法律法规破坏生态环境的行为，对相关责任人依法采取强制手段。③经济手段。政府对各类生态保护行为给予经济奖励、经济帮助和经济补偿，对违反规定而造成污染的责任主体进行罚款处罚。④教育手段。利用报纸、杂志、广播、电台、展览、报告会和专题讲座等形式，宣传环保知识及环境保护的方针政策等。⑤技术手段。目前，在祁连山、黑河湿地和石羊河流域等生态保护区内建立了生态环保信息监控系统和水务监控系统，各地政府正在逐步构建生态环境监测网络，提升环境监管的信息化水平。

为了改善河西走廊的生态环境，我们提出了以下几点建议：首先，加强水资源管理，合理规划和利用河流和地下水资源，提高水资源利用效率。其次，加强土壤保护和治理工作，增加土壤有机质含量，减少土壤侵蚀和盐碱化的发生。最后，加强植被恢复和保护，推行生态农业和生态畜牧业，提高河西走廊地区的植被覆盖度。通过有效治理关键生态问题，遏制生态领域重点风险隐患，并遵循"山水林田湖草沙"生态系统一体化的内在联系、生成逻辑和循环规律，产生提纲挈领、以点带面的生态治理效应，进而促进、带动河西走廊整体生态环境进一步好转，进一步筑牢国家西部生态安全屏障。

第 3 章

河西走廊绿洲区生态安全时空演变特征

作为连接中国西北与中亚的重要通道，河西走廊不仅是自然生态的承载体，也是人类活动与自然环境交互作用的舞台。基于前述问题的研究，对河西走廊绿洲区的生态安全时空演变特征进行进一步探讨，显得尤为重要。在这一背景下，研究河西走廊绿洲区的生态安全动态演变，既反映了自然环境的变化，也揭示了人类社会的应对与适应。这一过程不仅关乎自然生态的平衡，更影响着区域的经济发展与社会稳定。因此，本章详细解析河西走廊绿洲区的生态安全演变特征，为制定更科学的生态保护政策、实现可持续发展提供重要依据，为今后区域生态安全管理提供借鉴与启示。

3.1　基本理论与方法

在理论层面上，生态安全的概念已经得到了广泛的研究与深入的探讨。生态安全不仅仅是涉及生态环境的稳定性和合理利用，更重要的是它还包括社会经济之间的协调与可持续发展。生态安全的核心在于有效维护生态系统的健康状态，同时也保障人类生存与发展的基本条件。为了更好地实现这一目标，需要构建一个全面的生态安全评价指标体系，可以综合多方面的因素，包括生态环境的物理特性、化学特性及生物特性，同时还要考虑到人类活动对生态环境的影响。因此，这一评价体系不仅可以为生态安全的监测提供理论依据，还能够为生态管理的实践提供科学指导，从而帮助决策者制定更加合理和有效的生态安全政策，确保资源的可持续利用和生态环境的良好保护。这将为人类社会的长远发展奠定坚实的基础，也为生态文明的建设提供有力支持。

学术界关于生态安全评价问题开展了大量的研究且取得了丰富的研究成果，其中构建评价指标体系是生态安全研究领域的重中之重。因生态安全受多种自然环境因素和人类社会经济因素的影响，需要从不同角度选取不同的评价因子，从而构建出更加全面、科学、合理的区域生态安全评价体系，评价指标选取是否全面、合理，会影响区域生态安全状况评价结果的准确性。

因此，河西走廊地区生态安全的评价指标必须遵循以下原则。

（1）综合性原则

生态安全评价要遵循综合性原则。生态安全是包括自然环境因素（如生物多样性、土壤健康、水资源状况）和人类社会经济因素（如人口密度、土地利用、经济活动等）诸多因素综合影响的结果，因此，在生态安全评价时，要综合考虑，选取合理的评价方法和指标体系，使用较少的指标反映尽可能多的问题，使其能够科学合理地反映研究区的生态安全状况。

（2）可操作性原则

在进行生态安全评价时，应确保其具备良好的可操作性和易获得性。这一原则的核心在于：首先，所选的评价单位必须合理划定，既不宜过大以至于无法反映区域内部的细微差异；又不能过小，以免由于单元尺度过于微小而导致相关指标数据获取的困难。在确定评价单位时，必须综合考虑区域的地理特点和生态特征，确保评价能够准确反映出该地区生态环境的实际状况。其次，所采用的指标数据必须具备易于量化和操作的特性，以确保评价的科学性和可靠性。在指标的选择过程中，应优先考虑那些能够方便获取的数据，对于那些难以获得或存在量化障碍的指标，应该采取适当措施进行调整。具体来说，可以通过替换为其他可用的数据源，或者直接舍弃难以量化的指标，以避免对整体评价带来负面影响。此外，在指标调整过程中，应保持评价的相关性与完整性，从而保障最终评价结果的有效性和实用性。

（3）系统性原则

自然生态系统是由多个相互关联的子系统所构成，这些子系统之间存在着复杂的相互作用与影响。因此，在进行生态安全评价时，遵循系统性原则显得尤为重要。这意味着在评价过程中，必须把自然生态因素与人类社会经济因素等不同方面紧密联系起来，确保形成一个全面且系统的指标体系。这样的体系不仅能够更好地反映生态与经济的联系，还能够为决策提供科学依据。与此同时，系统性原则还要求在构建指标体系时，须避免各个评价指标之间的重复和冗余。通过合理的指标选择与设计，应确保每一个指标都能独立且有效地反映生态安全的某一特定方面，而不是与其他指标重复表达相似的内容。此外，评估过程中需要综合考虑各个指标的相互关系，以便更清晰地揭示出不同因素之间的内在联系，进而提升生态安全评价的整体科学性与实用性。

（4）因地制宜原则

在进行生态安全评价的过程中，必须遵循因地制宜原则，因为不同区域的生态系统各具独特性和地域性，呈现出显著的差异。这种差异不仅体现在自然生态环境状况上，还体现在人类社会经济活动的表现和影响上。因此,进行区域生态安全评价时,首先需要对该区域的实际生态系统状况进行充分的了解和分析,这是确保评价科学性和准确性的重要前提。在这一基础上,应根据具体区域的特点,因地制宜地选取那些研究区内突出的、有代表性的和起主导作用的评价指标。这些指标的选择必须反映出该区域的实际生态环境状况,能够有效揭示出生态系统的特点、优势和存在的问题。通过这样的方式,可以保证生态安全评价更具针对性和实用性,进而为该区域的生态环境管理与保护提供更为实质性的指导和依据。

(5)动态变化原则

河西走廊的生态环境相对脆弱,受到气候变化和人类活动的双重影响,这使得其生态系统在时间演变和空间分布格局上都可能发生显著的动态变化。因此,在构建河西走廊绿洲生态安全评价指标体系时,必须充分重视这些动态变化的特征与规律。具体来说,有必要深入分析河西走廊生态环境在不同时间阶段的变化过程,以及在不同空间区域内的分布特征。这种分析不仅能够帮助我们理解生态系统的演变轨迹,还能够揭示出人类活动与自然因素之间的相互作用。通过对时间和空间动态变化的全面考量,我们可以更准确地制定出适应性强的生态安全评价指标,进而为区域的可持续发展提供科学依据与有效支持。

(6)引导性原则

在构建指标体系的过程中,必须确保其符合生态系统安全的战略目标。这意味着指标体系不仅要具备科学性和合理性,还要能够有效地规范和引导生态系统安全未来发展的方向。换句话说,生态安全评价在这个框架下应当遵循引导性原则,从而确保其评价结果能够为今后的生态管理和保护提供清晰的指导。引导性原则的重要性体现在,它能够帮助决策者在面临不同环境挑战时,做出更加明智和有效的管理决策。通过明确的标准和目标,指标体系能够指引相关的政策制定,使生态系统的管理更加系统化和战略化。因此,生态安全评价的引导性原则不仅有助于当前生态状况的评估,还为未来生态建设的可持续发展提供了方向性的支持。

3.1.1 绿洲生态安全评价指标体系

根据上述评价指标选取原则,结合河西走廊绿洲生态环境特征,采用全排列多边形综合指数法,从生态安全的内涵出发,选取了与河西走廊自然、经济、社会密切相关的指标,构建河西走廊绿洲生态安全评价指标体系(图3.1)。

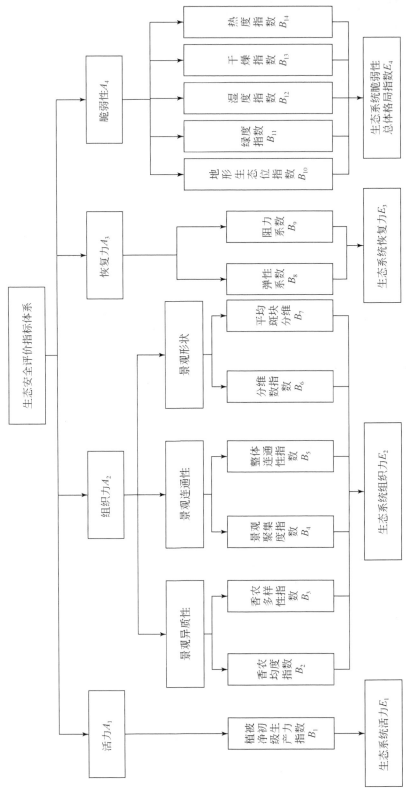

图3.1 研究区生态安全评价指标体系框架

3.1.1.1 评价指标体系和研究技术路线

生态安全评价方法仍在不断发展，制定指标体系框架的方法各不相同，常用的评价模型都是在比较成熟的模型基础上为特定研究而优化改进的评价框架。本研究通过对研究区的识别，从而确定需要保护的区域，并对其进行评价，在曹秉帅等（2021）对区域生态系统安全相关研究的基础上，为了从人类社会与自然生态系统耦合的角度更加全面的评价河西走廊生态系统的安全状况，基于生态系统活力–组织力–恢复力–脆弱性（Vitality-Organization-Resilience-Vulnerability，VORV）指标框架，构建生态安全评价指标体系。

将生态安全评价指标体系逐层分类为目标层、要素层和指标层三个层次，使评价指标体系各层次相互联系、逐层递进。在此基础上，为确保评价结果的准确性，研究过程中使用多元共线性诊断方法对为计算生态系统活力、组织力及恢复力这3个指数初选的9个分指标进行诊断，验证这些分指标之间是否存在信息重叠现象。相关研究常用的多元共线性诊断指标主要是方差膨胀因子（VIF）和容忍度（TOL），同时这两个共线性诊断指标之间存在互为倒数的关系。若VIF>10（TOL<0.1），则表明指标间多元共线性状况较为显著，所构建的评价指标存在严重的信息重叠和冗余现象，可能造成评价结果有所偏差。在ArcGIS中，利用数据管理模块中的创建渔网分析工具对河西走廊生态系统安全评价所选的各个分指标进行均匀采样，渔网大小设置为5km×5km，共得到采样点9998个，在SPSS软件中对采样点进行多元共线性诊断分析。从诊断结果（表3.1）来看，2000～2020年所选的9个分指标均显示其VIF<10，而TOL>0.1，说明所选各指标之间信息冗余度低，不存在明显的多重共线性，符合本书要构建河西走廊生态系统安全评价指标体系的基本需求。另外，将生态系统脆弱性指数引入进来，进一步揭示河西走廊绿洲区的生态安全的状况。

表3.1 评价指标的共线性诊断结果

评价指标	2000 年		2010 年		2020 年	
	VIF	TOL	VIF	TOL	VIF	TOL
植被净初级生产力指数（B_1）	2.282	0.438	2.295	0.436	2.532	0.395
香农均度指数（B_2）	1.79	0.559	1.796	0.557	1.802	0.555
香农多样性指数（B_3）	2.273	0.439	2.281	0.438	2.265	0.442
分维数指数（B_4）	2.281	0.438	2.279	0.439	2.251	0.444
景观聚集度指数（B_5）	2.237	0.447	2.366	0.423	2.325	0.43
整体连通性指数（B_6）	2.29	0.437	2.278	0.439	2.253	0.444
平均斑块分维（B_7）	1.007	0.993	1.026	0.975	1.011	0.989

评价指标	2000 年		2010 年		2020 年	
	VIF	TOL	VIF	TOL	VIF	TOL
弹性系数（B_8）	2.266	0.441	2.255	0.443	2.345	0.426
阻力系数（B_9）	2.251	0.444	2.266	0.441	2.266	0.441

3.1.1.2 各项指标释义

（1）净初级生产力指数

净初级生产力（Net Primary Productivity，NPP）是单位时间和单位面积内植被通过光合作用固定的有机物质的净积累，是表征碳通量状况的重要指标。由于持续的气候变化和人类活动，湿地大面积的消失和退化，因此，适时、准确地估算湿地 NPP 对于湿地植被碳储量估算、对湿地资源的可持续发展及区域碳循环具有重要的意义。

（2）香农均度指数

香农均度指数（Shannon's Evenness Index，SHEI）指景观中不同斑块类型分配的均匀程度，是用来衡量一个生态系统中物种多样性的指标。它考虑了物种的丰富度和均匀度，可以帮助我们了解一个生态系统中物种的多样性程度。SHEI 值域为 0～1，指数的值越大，表示生态系统的物种多样性越丰富；当 SHEI＝0 表明景观仅由一种斑块组成，无多样性；当 SHEI＝1 表明各斑块类型均匀分布，有最大多样性。

（3）香农多样性指数

香农多样性指数（Shannon's Diversity Index，SHDI）是一种基于信息理论的测量指数，显示了一个群落中有多少物种。它随着物种数量的增加和丰富度的增加而增加，也可以描述区域内斑块类型数量和分布均匀程度，反映景观异质性，值越大景观越多样。SHDI 是一种基于信息理论的测量指数，在生态学中应用很广泛。该指标能反映景观异质性，特别对景观中各斑块类型非均衡分布状况较为敏感，即强调稀有斑块类型对信息的贡献，这也是与其他多样性指数不同之处。在比较和分析不同景观或同一景观不同时期的多样性与异质性变化时，SHDI 也是一个敏感指标。如在一个景观系统中，土地利用越丰富，破碎化程度越高，其不确定性的信息含量也越大，计算出的 SHDI 值也就越高。景观生态学中的多样性与生态学中的物种多样性有紧密的联系，但并不是简单的正比关系，研究发现在一景观中二者的关系一般呈正态分布。

SHEI 与 SHDI 一样也是我们比较不同景观或同一景观不同时期多样性变化的一个有力手段。而且，SHEI 与优势度指标（dominance）之间可以相互转换（即 evenness＝1－

dominance），即 SHEI 值较小时优势度一般较高，可以反映出景观受到一种或少数几种优势斑块类型所支配；SHEI 趋近 1 时优势度低，说明景观中没有明显的优势类型且各斑块类型在景观中均匀分布。

（4）分维数指数

分维数指数（Fractal Dimension，FRACT）是用来测量斑块形状对内部斑块生态过程影响的指标，描述斑块或景观镶嵌体几何形状复杂程度的非整型维数值。FRACT 值在 1~2，越靠近 1，斑块的形状越简单，越靠近 2，形状越复杂。

（5）景观聚集度指数

景观集聚度指数（CONTAC）描述每一种景观类型斑块间的连通性。该指数基于同种景观斑块类型像元间的边界长度计算得到，表示某种类型的景观要素斑块集聚程度，能够反映景观斑块的集聚情况。取值越大，同种景观斑块越聚集，景观破碎度越低。取值越小，景观越离散，景观破碎度越高。

（6）整体连通性指数/可能连通性指数/斑块重要性指数

景观连通性是指景观促进或阻碍生态流的程度，保持良好的连通性有助于生态系统的稳定。目前，经常使用整体连通性指数（Integral Index of Connectivity，IIC）、可能连通性指数（Probability of Connectivity，PC）和斑块重要性指数（Data Patch Complexity，DPC）来反映景观连接度水平以及斑块对景观连接性的重要性，作为衡量景观格局与功能的重要指标。整体连通性指数和可能连通性指数一方面可以分析景观整体的连通程度，另一方面可以确定各个斑块对景观整体连通性的贡献和重要程度，其计算原理为通过移除斑块来测量整体连通性的变化。

（7）平均斑块分维

平均斑块分维（Mean Patch Fractal Dimension，MPFD）是衡量不同空间尺度形状景观要素镶嵌结构复杂性的指标，分维数的理论值在 1~2，值越大斑块结构越复杂。

（8）弹性系数

弹性系数（Resil）指区域生态系统在受到外界干扰后恢复其原有结构和功能的能力，系数值越大，区域生态系统的弹性能力越高。

（9）阻力系数

阻力系数（Resist）是指生态系统对外界干扰的抵抗能力。它是一个衡量生态系统稳定性和抵抗外部干扰能力的重要指标。阻力系数越高，说明生态系统越能够抵抗外部干扰，保持稳定状态。

3.1.2 综合指标评价方法

3.1.2.1 单一评价指标计算方法

1. 指标分类及计算

将生态安全评价指标体系分为目标层、要素层及指标层，并运用 ArcGIS 和 Fragstats4.2 软件分别进行相关指标的计算（表 3.2）。

表 3.2 研究区绿洲生态安全评价指标计算

目标层	要素层	序号	指标层	值域	计算方法
生态系统安全指数	生态系统活力	B_1	植被净初级生产力指数（NPP）	—	空间数据
	生态系统组织力	B_2	香农均度指数（SHEI）	[0，1]	$SHEI = \dfrac{-\sum\limits_{i=1}^{m}[P_i \ln(P_i)]}{\ln(m)}$
		B_3	香农多样性指数（SHDI）	0	$SHDI = -\sum\limits_{i=1}^{m}[P_i \ln(P_i)]$
		B_4	分维数指数（FRACT）	[1，2]	$FRACT = \dfrac{2\ln\left(\dfrac{P}{4}\right)}{\ln(A)}$
		B_5	景观聚集度指数（CONTAG）	% [0，100]	$CONTAG = \left[1 + \dfrac{\sum\limits_{i=1}^{m}\sum\limits_{k=1}^{m}\left[P_i \dfrac{g_{ik}}{\sum\limits_{k=1}^{m} g_{ik}}\right]\left[\ln\left(P_i \dfrac{g_{ik}}{\sum\limits_{k=1}^{m} g_{ik}}\right)\right]}{2\ln(m)}\right]$
		B_6	整体连通性指数（IIC）	(0，1)	$IIC = \dfrac{1}{A^2}\sum\limits_{i=1}^{n}\sum\limits_{j=1}^{n}\dfrac{a_i a_j}{1+nl_{ij}}$
		B_7	平均斑块分维（MPFD）	[1，2]	$MPFD = \sum\limits_{i=1}^{m}\sum\limits_{j=1}^{n} 2\ln(0.25P_i/\ln a_i)/N$
	生态系统恢复力	B_8	弹性系数（Resil）	—	$Resil = \sum\limits_{i=1}^{m} P_i \times B_i$
		B_9	阻力系数（Resist）	—	$Resist = \sum\limits_{i=1}^{m} P_i \times B_i$
	生态系统脆弱性	B_{10}	总体格局指数（OPI）	—	见式（3.10）

注：A 为研究区总面积；P 为景观类型所占面积；P_i 为景观斑块类型 i 所占的比率；n 为斑块数；a_i 为斑块 i 的面积；l_{ij} 是节点 i 和 j 之间的最短路径长度；B_i 为景观斑块类型 i 的生物多样性指数；g_{ik} 为景观类型斑块 i 类和 k 类相毗邻的数目；m 为区域景观斑块类型的总数目

（1）生态系统活力

生态系统的活力通常被解释为生态系统的活动、能量积累和营养循环、新陈代谢或净初级生产力，是衡量系统新陈代谢和生产力的主要指标。在本书中，植被净初级生产力指数（NPP）被用来评价生态系统的活力，指的是在光合作用下产生的净有机物的总量。在本书中，该指数值越大，表明生态系统的活力越强，该指数已被证明可以有效地评价生态系统的初级生产力。

（2）生态系统组织力

生态系统组织力描述了一个生态系统的结构稳定性，主要包括景观异质性、景观连通性和景观形状。在景观尺度上，生态系统组织力可以用景观多样性、景观破碎化/聚集和景观分形维度来描述。景观异质性主要由香农均度指数（SHEI）和香农多样性指数（SHDI）表示。用景观聚集度指数（CONTAG）和整体连通性指数（IIC）来表示景观连通性。由于它们在生态景观格局分析中具有同等的主导地位，权重设置为0.4。用分维数指数（FRACT）和平均斑块分维（MPFD）来表示景观形状，其权重设置为0.2。计算公式如下：

$$EO = 0.4 \times LH + 0.4 \times LC + 0.2 \times LS$$
$$LH = 0.2 \times SHDI + 0.2 \times SHEI$$
$$LC = 0.2 \times IIC + 0.2 \times CONTAG \quad (3.1)$$
$$LS = 0.1 \times MPFD + 0.1 \times FRACT$$

式中，EO 为生态系统组织力；LH 为景观异质性指数，将其分为 SHDI 和 SHEI 两部分，各占一半权重（即0.2）；LC 表示景观连通性指数，将其分为 IIC 和 CONTAG 两部分，各占一半权重（即0.2）；LS 表示景观形状指数，将其分为 MPFD 和 FRACT 两部分，各占一半权重（即0.1）。

（3）生态系统恢复力

生态系统的恢复力也可以描述为生态系统的弹性力。它基本体现在两个方面：一是抵御外部干扰（如自然灾害或人类活动）的能力，通过自我调整避免被破坏，保持物种多样性相对稳定，保持稳定的生产力；二是生态系统遭受严重破坏后恢复到原始状态的能力。对于前者，本书用阻力系数（Resist）来定量衡量其程度，对于后者则用弹性系数（Resil）。一般来说，Resist 和 Resil 的权重应根据外部干扰是否超出系统自我调节能力来确定。基于彭建等的研究和前期实验，本书的生态系统恢复力指数最终定义如下：

$$ER = 0.6 \times \sum P_i \times Resil + 0.4 \times \sum P_i \times Resist \quad (3.2)$$

式中，ER 为生态系统的恢复力；P_i 为各景观类型在整个研究区的比例；Resil 和 Resist 分别为弹性系数和阻力系数。由于河西走廊地区受到了人类活动的较大干扰，所以恢复力应该被重视，权重设为0.6，阻力的权重设为0.4。相反，如果研究区的发展水平相对较低，就应该更多关注阻力。此外，对于不同的土地利用类型，其弹性系数和阻力系数也是不一样的。从理论层面看，受人类影响较小的生态系统（如草原、林地、未利用地、水域等）对外界干扰的抵抗力较强，而人类聚集地的生态系统（如建设用地、农田等）可能更容易遭受灾害。从实践的角度来看，可以通过计算不同生态系统的全球生态服务价值的比率来比较其弹性。因此，根据其排序结果，每个景观类型被赋予 [0，1] 之间的十进制分数（表3.3）。

表3.3 各景观类型的生态系统弹性系数和阻力系数

变量	草地	耕地	林地	建设用地	水体	未利用地
弹性系数	0.8	0.3	0.6	0.2	0.7	1.0
阻力系数	0.6	0.5	1.0	0.3	0.8	0.2

（4）生态系统脆弱性

1）生态系统脆弱性评价指标的构建。在进行生态脆弱性评价之前，首先要选择合适的指标和评价模型。评价结果的准确性取决于评价指标体系是否建立合理，评价指标的选择应遵循代表性、全面性和可操作性的原则。本书结合研究区现状与前人研究，从三个方面选取了11个指标（表3.4）。

表3.4 生态脆弱性评价指标体系

目标层	准则层	指标层	指标性质
生态脆弱性	自然因子指标	地形生态位指数（TNI）	负向
		土壤侵蚀强度（SEI）	正向
		土壤有机碳含量（SOCC）	负向
		土壤酸碱度（SAA）	正向
		绿度指数（GI）	负向
		湿度指数（MI）	负向
		干度指数（DI）	正向
		热度指数（HI）	正向
	社会经济指标	人口密度（PD）	正向
		地区生产总值（GDP）	正向
	人为干扰指标	土地利用类型（LUT）	正向

根据自然因素选取8个指标。河西走廊地区海拔、地形差异大，既有平原，也有山地

和高原。地形生态位指数能很好地反映区域地形的起伏特征。土壤质量对生态脆弱性有明显的影响，不同程度的土壤侵蚀强度对沙漠化演替有不同的影响。河西走廊的土壤侵蚀主要是由风引起的，风将大量的碎屑带到了地表，造成了严重的土壤的风蚀。土壤的有机碳含量越高，植被越能获得生长所需的养分。土壤的酸碱度也会影响植被的生长发育，过酸和过碱的土壤都会影响植被的根系生长，使植被难以生存。绿度指数、湿度指数、干度指数和热度指数是综合评价一个地区环境质量的指标因子。绿度指数可以反映区域的植被覆盖度，湿度指数是区域水资源状况的综合反映，干度指数用来表示区域的地表干燥程度，热度指数是区域干旱程度的指标。这8项指标能够综合反映研究区地形、土壤、植被、水文气候等自然环境条件。

从社会经济因素中选择人口密度和地区生产总值两个指标，用来反映一个地区的人口和经济发展情况。一般来说，经济发展较快的地区，人口密度越高，建成区面积越大，相应的生态用地面积也越小。因此，社会经济因素对生态脆弱性具有正向影响。

人为干扰是指由于人类活动的干预而使生态环境发生的强制性变化，土地利用类型的变化最能反映人为干扰的程度。人类对土地的干预和大规模的生态用地向建设用地的转化，必然造成生态环境的破坏和生态质量的下降。因此，所选择的土地利用类型数据可以通过定量分析反映人为干扰的强度以及土地质量的变化。

2）生态脆弱性指数计算，包括地形生态位指数、绿度指数、湿度指数、干燥指数和热度指数。

a. 地形生态位指数。单一的高程或坡度通常不能反映地形条件的综合影响，因此将高程和坡度组合成一个地形生态位指数，以表征地形的起伏特征。计算公式为

$$T=\log\left[\left(\frac{E}{\bar{E}}+1\right)\times\left(\frac{S}{\bar{S}}+1\right)\right] \tag{3.3}$$

式中，T 为地形生态位指数；E 为高程；$\bar{E}$ 为研究区平均高程；S 为坡度；$\bar{S}$ 为研究区平均坡度。

b. 绿度指数。植被是生态系统的主要组成部分，具有调节温度、改善湿度、保持水土等一系列功能，是生态系统存在的基础。它在陆地生态系统的物质循环中发挥着重要作用，从而保证了区域生态系统的稳定运行。河西走廊地区分布着大量裸露的土地和稀疏的植被带，生态环境十分脆弱，因此采用归一化植被指数（NDVI）来反映研究区的绿度指数，并从 MOD13A2 产品中提取 NDVI。计算公式为

$$\text{NDVI}=(\rho_{\text{nir1}}-\rho_{\text{red}})/(\rho_{\text{nir1}}+\rho_{\text{red}}) \tag{3.4}$$

式中，NDVI 分别表示绿度指数，ρ_{nir1} 和 ρ_{red} 分别为 MODIS 卫星传感器在近红外波段 1 和红

波段的反射率。

c. 湿度指数。水资源在生态系统中发挥着重要作用，特别是在干旱和半干旱地区，水对这些地区的动植物生存至关重要。水分代表地表水资源状况，可以反映区域土壤和植被的含水量。使用预处理的 MOD09A1 产品作为数据源，应用式（3.5）来计算研究区域的水分指数。

$$Moisture = 0.1147\rho_{red} + 0.2489\rho_{nir1} + 0.2408\rho_{blue} +$$
$$0.3132\rho_{green} - 0.3122\rho_{nir2} - 0.6416\rho_{swir1} - 0.5087\rho_{swir2} \quad (3.5)$$

式中，Moisture 为湿度指数；ρ_{red}、ρ_{nir1}、ρ_{blue}、ρ_{green}、ρ_{nir2}、ρ_{swir1}、ρ_{swir2} 分别为 MODIS 卫星传感器在红色波段、近红外波段 1、蓝色波段、绿色波段、近红外波段 2、短波红外波段 1 和短波红外波段 2 中的反射率。

d. 干燥指数。研究区城市的扩张会对生态造成一定的负面影响，进一步强化生态脆弱程度，因此采用建筑指数（IBI）来表达建筑工地信息。此外，研究区存在大面积裸露土地和稀疏植被，因此使用裸土指数（SI）来表示研究区的裸露状态。两者的最终平均值被用作新的组合指数 NDBSI，以表征地表的干燥程度。

$$IBI = \frac{\dfrac{2\rho_{swir1}}{\rho_{swir1} + \rho_{nir1}} - \left(\dfrac{\rho_{nir1}}{\rho_{nir1} + \rho_{red}} + \dfrac{\rho_{green}}{\rho_{green} + \rho_{swir1}}\right)}{\dfrac{2\rho_{swir1}}{\rho_{swir1} + \rho_{nir1}} + \left(\dfrac{\rho_{nir1}}{\rho_{nir1} + \rho_{red}} + \dfrac{\rho_{green}}{\rho_{green} + \rho_{swir1}}\right)}$$

$$SI = \frac{(\rho_{swir1} + \rho_{red}) - (\rho_{nir1} + \rho_{blue})}{(\rho_{swir1} + \rho_{red}) + (\rho_{nir1} + \rho_{blue})} \quad (3.6)$$

$$NDBSI = (IBI + SI) / 2$$

式中，IBI 为基于指数的建成指数；SI 为裸土指数；NDBSI 为干度指数；其余变量解释同式（3.5）。

e. 热度指数。热度指数采用地表温度（LST）表示，可以反映研究区干旱条件的程度，对区域土地退化过程影响较大。使用预处理的 MOD11A2 数据产品提取 LST，计算公式为

$$LST = 0.02 \times DN - 273.15 \quad (3.7)$$

式中，LST 为热度指数；DN 为 MOD11A2 图像元素的灰度值。

3）定量提取土地利用类型。根据不同土地利用类型的持水量、植被和生物覆盖度，各种土地利用类型从高到低依次为：裸地<建设用地<耕地<草地<林地、水体，基于 ArcGIS 平台，分别赋值为 1~5。

4）空间主成分分析。首先，由于各评价指标的单位和幅度不同，无法直接比对，因

此在生态脆弱性评价之前，先采用极差标准化的方法对数据进行标准化。根据各评价指标对生态脆弱性的影响，将指标分为正指标和负指标。正指数表示随着指数值的增加，生态脆弱性增加，而负指数则相反。正指标包括土壤侵蚀强度、土壤酸碱度、干燥指数、热度指数、人口密度和地区生产总值。负指数包括地形生态位指数、土壤有机碳含量、绿度指数、湿度指数和土地利用类型。

然后，利用空间主成分分析方法，通过旋转特征谱的空间轴，将多个关联空间数据转化为若干不相关的复合指标。由于整个过程没有人工评分，因此可以获得更客观的结果。当累积方差贡献达到85%或更高时，它可以代表大部分信息。本书基于 ArcGIS 软件平台，对标准化的 11 个指标进行空间主成分分析，最终计算出生态脆弱性指数（EVI），其计算公式为

$$EVI = r_1 Y_1 + r_2 Y_2 + r_3 Y_3 + \cdots + r_i Y_i \qquad (3.8)$$

式中，EVI 为生态脆弱性指数；r_i 为第 i 个主成分；Y_i 为第 i 个主成分对应的贡献率。主成分分析结果如表 3.5 所示。

表 3.5　空间主成分分析结果

主成分	特征值					特征值百分比/%					特征值的累积/%				
	2000年	2005年	2010年	2015年	2020年	2000年	2005年	2010年	2015年	2020年	2000年	2005年	2010年	2015年	2020年
P1	0.07	0.07	0.07	0.07	0.07	58.48	58.66	59.23	59.32	59.94	58.48	58.66	59.23	59.32	59.94
P2	0.02	0.02	0.02	0.02	0.02	20.07	19.85	19.96	20.01	19.10	78.55	78.52	79.18	79.33	79.04
P3	0.01	0.01	0.01	0.01	0.01	10.09	10.02	10.04	9.76	9.83	88.64	88.54	89.22	89.09	88.86
P4	0.01	0.01	0.01	0.01	0.01	4.61	5.20	4.58	5.17	5.37	93.25	93.73	93.80	94.26	94.23

5）生态脆弱性评价结果的重新分类。为了便于不同时期生态脆弱性的比较，本书针对极端差异对 5 年的生态脆弱性结果进行了标准化，使结果分布在 [0，1] 中。采用自然断点法将标准化结果重新分类为 5 类，重分类的标准如表 3.6 所示。

表 3.6　经济脆弱性指数的重新分类标准

类值	脆弱能力等级	EVI 的取值范围
1	温和的脆弱能力	0～0.31
2	低伤害能力	0.31～0.50
3	中等脆弱能力	0.50～0.68
4	高伤害能力	0.68～0.83
5	极度脆弱能力	0.83～1

6）生态脆弱性年际变化指数。年际变化性是生态脆弱性的逐年变化，以反映生态系统质量在一定时期内是否发生变化。在整个研究区域，时间序列分为 5 个时期，分别为 2000~2005 年、2005~2010 年、2010~2015 年和 2015~2020 年，期限各为 5 年。年际变异指数（IVI）可以反映生态脆弱性的增减程度，以及 5 年内生态质量是趋于好还是趋于变差。根据河西走廊实际生态条件，将生态脆弱性变化程度结果的绝对值分级为不变（≤0.05）、低变化（0.05~0.5）和高度变化（≥0.5）。年际变化指数使用式（3.9）计算。

$$\text{IVI} = \frac{E_b - E_a}{E_a} \times 100\% \tag{3.9}$$

式中，IVI 为年际变率指数；E_a 为上一年生态脆弱性指数；E_b 为下一年度生态脆弱性指数。

7）生态脆弱性总体格局指数。利用总体格局指数（OPI）描述 20 年来生态脆弱性的总体变化，可以反映不同区域在不同时期的变化程度和现状，进而评估该区域的生态脆弱性是稳定还是变化。通过使用栅格计算器对五个周期的重分类结果进行空间叠加，可以得到总体格局指数，其计算公式为

$$\text{OPI} = 10000 \times \text{REVI}_{2000} + 1000 \times \text{REVI}_{2005} + 100 \times \text{REVI}_{2010} + 10 \times \text{REVI}_{2015} + 1 \times \text{REVI}_{2020} \tag{3.10}$$

式中，OPI 为总体格局指数；REVI_{2000}、REVI_{2005}、REVI_{2010}、REVI_{2015}、REVI_{2020} 分别为 2000 年、2005 年、2010 年、2015 年、2020 年重新分类后的生态脆弱性结果编码。计算结果中，万位代表 2000 年的生态脆弱性分类结果，千位代表 2005 年的分类结果，百位代表 2010 年的分类结果，十位代表 2015 年的分类结果，个位代表 2020 年的分类结果。

2. 指标标准化

由于所选各评价指标的类型以及量纲之间存在差异，它们之间不存在可比性，无法直接参与计算。因此，为了消除数据的量纲、数量级和数量变化幅度的差异，有必要对每个评价指标和因素进行标准化。通常在对评价指标进行标准化处理时，应根据其对综合指数计算结果的作用，对所选指标分别进行正向标准化和负向标准化，处理的方法是在 ArcGIS 软件支持下，以地面评价单元为计算单元，逐个计算每个评价单元标准差标准化后的值，计算公式分别如下。

正向指标和负向指标：

$$Y_i = \frac{X_i - \min(X_i)}{\max(X_i) - \min(X_i)}$$

$$Y_i = \frac{\max(X_i) - X_i}{\max(X_i) - \min(X_i)} \tag{3.11}$$

式中，X_i 为第 i 年的指数实际值；$\min(X_i)$ 为第 i 个指标最小值；$\max(X_i)$ 为第 i 个指标的最大值；Y_i 为第 i 个指标归一化值，标准化后，各评价指标的数值在 0 和 1 之间。

确定评价指标权重的方法一般分为主观赋权法、客观赋权法及两者相结合的方法。其中，常用的主观赋权法包括层次分析法、专家打分法及德尔菲法等。层次分析法（Analytic Hierarchy Process，AHP）的基本思路与人对一个复杂的决策问题的思维判断过程大体一致。按照其逻辑思维的加工处理步骤可将一个复杂的多目标决策问题分解为3个层次，即目标层、准则层和方案层。再基于定性的思维判断和经验对各方案对于每一项准则的权重及每一准则对目标的权重进行打分或赋权，并综合两者权重最终确定方案层对目标层的权重。由此可见，以 AHP 为代表的主观赋权法在处理难以定量分析的复杂问题时能够有效利用专家经验，且能够从专业的角度解释结果，具有一定的权威性。但同时由于赋权过程过度依赖于主观判断，对专业背景及知识经验要求较高，因而不同评判主体得到的结果可能存在差异。客观赋权法主要包括主成分分析法、熵权法、变异系数法、均方差法等。以主成分分析法（Principal Components Analysis，PCA）为例，它是利用降维的思想，通过研究指标体系间的内在结构关系将多个指标转化为少数几个相互独立且包含原来指标大部分信息的综合指标。由于其完全基于数学模型确定各指标权重，因而消除了主观判断对结果的影响，具有较强的客观性，且得出的综合指标之间相互独立，减少了信息的交叉，有利于分析评价。然而，由于客观赋权法忽略了主观判断，不能反映专家的知识和经验以及决策者的意见，无法体现不同指标的相对重要性，有可能导致所得结果差距过小，难以结合实际经验进行解释。在实际应用中，为了避免主观和客观赋权法各自的缺点，充分利用两者分别在主观经验性和客观准确性的优点，大多采用主观赋权法和客观赋权法组合的方式确定评价指标的权重。

因此，本研究在综合主客观赋权法各自的优缺点之后，同时考虑到主观偏好和客观信息，采用主客观相结合的赋权方法，将层次分析法和熵权法相结合，对河西走廊生态安全评价指标进行赋权。

（1）层次分析法确定权重

层次分析法是由 T. L. Saaty 于 20 世纪 70 年提出，把决策问题作为一个系统，将与决策有关的各项因素分解为多个目标和多个层次，通过逐层比较各相关因素的重要性来算出层次单排序和总排序，从而做出最终决策的研究方法。层次分析法的步骤如下：①建立层次结构模型。层次分析法通常将决策问题分为三个层次，包括最高决策层、中间要素层和最低方案层，每层有若干因素，各层间因素的关系用直线表示。最高决策层即决策目标，通常只有一个总目标；中间要素层也可以称为准则层、指标层、约束层或者策略层等，表示采用某种方案或措施等以实现指定总目标所涉及的中间环节；最低方案层也可以简称为方案层，表示所选用的为了解决问题以实现总目标的各种方案或措施等。本研究根据河西走廊生态安全构成要素将层次结构分为三个层次：目标层、因素层和指标层。②构造判断（两两比较）矩阵。判断矩阵的构造是在比较本层各个因素对上一层某个因素的相对重要性的基础上，建立各层之间的判断矩阵，在对各个因素的相对重要性进行比较时，采取两两比较法，并采用相对尺度，用以尽可能减少各因素相互比较的难度，以提高准确度。

例如，$A = (A_{ij}) n \times n, i, j = 1, 2, \cdots, n$。其中，$a_{ij}$ 表示第 i 个评价指标与 j 个指标的相对重要程度，根据矩阵 A 的最大特征值 λ 对判断矩阵进行一致性检验（Random Consistency，RC），最后确定各指标的权重 W_i。公式如下：

$$\text{一致性指标：} CI = \frac{(\lambda - 1)}{(m - 1)}$$

$$\text{一致性比率：} CI = \frac{CI}{RI} \tag{3.12}$$

式中，RI 为随机一致性指标；m 为指标个数；如果一致性 CR<0.1，则通过一致性检验。

（2）熵权法确定权重。

客观赋权法采用熵权法，因为熵权法能够根据指标变异大小确定客观权重，并能剔除贡献率小的指标。因此，本书根据标准化数据，运用熵权法确定各个指标的权重，步骤如下。

第一步，计算标准化后第 i 年份第 j 项指标权重（P_{ij}）：

$$P_{ij} = X_{ij} \Big/ \sum_{i=1}^{n} X_{ij} \tag{3.13}$$

第二步，计算指标信息熵（e_j）：

$$e_j = -\frac{1}{\ln n} \sum_{i=1}^{n} P_{ij} \ln(P_{ij})$$

$$\text{其中，} 0 \leqslant e_j \leqslant 1 \tag{3.14}$$

第三步，计算信息熵的冗余度（g_i）：

$$g_i = 1 - e_j \tag{3.15}$$

第四步，计算各指标权重（W_j）：

$$W_j = g_i \Big/ \sum_{j=1}^{m} g_i, j = 1, 2, 3, \cdots, m \tag{3.16}$$

式中，n 为评价数；m 为指标数；X_{ij} 为第 i 年第 j 指标标准化值。根据层次分析法和熵权法计算出生态安全评价指标体系各指标权重

3.1.2.2 综合指标计算方法

利用全排列多边形综合指数法将上述指标综合。全排列多边形综合指数法是在确定评

价对象指标体系和指标权重的基础上，采用综合指数的计算形式，根据选择的评价模型，定量地对某事物或者现象进行综合评价的方法。该方法能够体现其综合性、层次性和整体性。这种方法在生态学方面首次应用于城市生态环境评价研究，其基本原理如图 3.2 所示：设有 N 个标准化指标指数，以原点 O 为中心，以标准化上限 1 为半径形成中心 N 多边形，在原点和中心 N 多边形顶点之间取各指数值，各指数值连接形成不规则 N 多边形，根据分类排列乘法原理，N 个指数可以形成 $(N\sim1)!/2$ 个不同的不规则 N 多边形，每个不规则 N 多边形的平均面积与中心 N 多边形的面积之比被定义为最终结果值。与传统的权重指数综合法相比，该方法不需要专家主观判断权重系数的大小，只需要确定与决策相关的上下限和临界值，减少了主观随意性。因此，在前人对生态环境指数合成的研究基础上，本书采用全排列多边形综合指数方法对标准化分指数进行合成，故生态安全指数计算公式为

$$\text{EHI} = \frac{\sum_{i<j}^{i,j}(k_i+1)(k_j+1)}{N(N-1)} \tag{3.17}$$

式中，EHI 为综合生态安全指数；N 为每个分指数的数量；k_i 为第 i 个标准化分指数值；k_j 为第 j 个标准化分指数值。

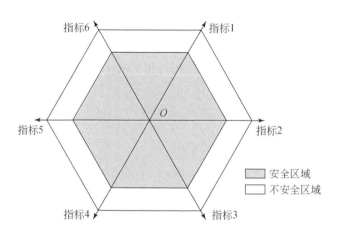

图 3.2　生态系统安全指数计算综合指数法示意图

结合 ArcGIS 软件，将计算得到的生态安全指数通过空间表达，便于分析其变化特征。本书研究结合河西走廊地区实际情况，参考前人的研究，将生态安全指数计算结果利用 ArcGIS 软件中的自然断点法从高到低划分为良好、较好、中等、较差、差五个等级，等级越高，表示生态安全系数越高，以此作为判断生态安全状况的依据（表 3.7）。这里的自然断点法运用了聚类思想，即让每一组数据内部的相似性最大，而外部组与组之间的相异性最大。同时，自然断点法还会兼顾每一组之间要素的范围和个数尽量相近。

表 3.7　生态安全分类标准

安全状况等级	安全状况等级值	安全指数值	安全状况类型
I	1	0.00 ~ 0.30	差
II	2	0.30 ~ 0.40	较差
III	3	0.40 ~ 0.50	中等
IV	4	0.50 ~ 0.60	较好
V	5	0.60 ~ 1.00	好

3.1.3　绿洲生态安全时空变化

本书从生态安全年际变化分析和生态系统安全变化模式分析两个方面，分析河西走廊绿洲生态安全时空变化。

1. 生态系统安全年际变化分析

利用 ArcGIS 中的栅格计算器工具进行计算，将前期和后期（比如分析 2000 ~ 2010 年生态系统安全变化中，2000 年为前期，2010 年为后期）的生态系统安全状况分级图进行空间叠加运算，提取生态系统安全状况类型变化的动态图斑。计算公式如下：

$$Code_{ij} = 10 \times Code_i + Code_j \tag{3.18}$$

式中，$Code_{ij}$ 为生态系统安全状况的分级在年与年之间的变化代码；$Code_i$ 和 $Code_j$ 分别为研究期前期和研究期后期的 5 种生态系统安全分级等级值（1 ~ 5）。其中，1 ~ 5 分别代表生态系统安全状况差、安全状况较差、安全状况中等、安全状况较好、安全状况良好。据此计算得到的生态系统安全分级变化代码类型中，十位数为前期生态系统安全状况分级类型，个位数为后期生态系统安全状况分级类型，$Code_{ij}$ 代表的是由前期生态系统安全状况分级类型转换成后期生态系统安全状况分级类型。

2. 生态系统安全变化模式分析

生态系统安全整体转换模式分析是指在整体视角下提取 2000 ~ 2020 年的生态系统安全状况的变化动态图斑，以分析河西走廊地区近 20 年来不同空间位置上生态系统安全状况的变化情况。其相应像元的生态系统安全指数值的差值越小，表明生态系统安全状况的变化越小，即越稳定（即变化越小越好）。其基本原理是将生态系统安全状况的整体变化图斑划分成不同的变化类型，用来表明生态系统安全状况在 2000 ~ 2020 年是保持稳定不变、不断升高、持续降低或者在波动升高或降低的变化趋势和规律，可以捕捉不同区域生态系统安全状况的细节变化，但对于波动或持续变化的程度无法明确区分，还存在一定的局限性。

为能够识别不同时期的生态系统安全随时间的变化，采用相关指标结合 ArcGIS 中的 con 函数将生态安全变化的像元赋值为 1，不变的赋值为 0，得到两期差值数据，然后再利用公式其计算公式为

$$Code = 100 \times Code_{2000} + 10 \times Code_{2010} + 1 \times Code_{2020} \qquad (3.19)$$

式中，Code 为生态系统安全状况在 2000 ~ 2020 年的转换类型代码，$Code_{2000}$、$Code_{2010}$、$Code_{2020}$ 分别表示 2000 年、2010 年、2020 年的 5 种生态系统安全状况等级分级值（表 3.8），其中 3 ~ 8 分别代表生态系统安全状况差、安全状况较差，安全状况中等，安全状况较好，安全状况良好。根据 2000 ~ 2020 年转换类型的不同。将其变化模式划分为 6 种整体变化模式，分类详见表 3.8。

表 3.8 生态系统安全状况变化模式分类表

变化模式代码	整体转换类型	转换代码	分类依据	解释说明
1	连续稳定型	111、222、333、444、555	2000 ~ 2020 年生态系统安全状况的等级值一直未发生变化	对于六种生态系统安全状况变化模式的划分依据是基于时间先后顺序的。根据前期和后期生态系统安全状况，确定生态系统安全状况变化是稳定、改善或者恶化，以研究时间段的起始年份（2000 年）和终止年份（2020 年）作为限定条件，其次要以中间年份（2010 年）的变化状况作为参考。综合上述条件，最终获取河西走廊地区生态系统安全状况的整体变化模式
2	波动稳定型	121、131、151、232、323、353、414、454、515、545 等	2000 ~ 2020 年，允许 2010 年的生态系统安全状况的等级值波动性变化（可增大，也可减小，但不可以不变），而 2000 年和 2020 年等级值相等	
3	连续增长型	123、124、125、134、135、145、234、235、245、345	2000 ~ 2020 年生态系统安全状况的等级值按照 2000 年、2010 年、2020 年的顺序呈递增的趋势，不同年份等级值不可减少或相等	
4	波动增长型	112、122、132、213、225、243、314、335、435、445、455 等	2000 ~ 2020 年，允许 2010 年的生态系统安全状况的等级值波动性变化（可增大，也可减小，也可以不变），但 2020 年等级值需要比 2000 年等级值高	
5	连续减少型	543、542、541、531、532、521、432、431、421、321	2000 ~ 2020 年生态系统安全状况的等级值按照 2000 年、2010 年、2020 年的顺序呈递减的趋势，不同年份等级值不可增加或等同	
6	波动减少型	211、231、221、352、442、441、411、513、534、544、554 等	2000 ~ 2020 年，允许 2010 年的生态系统安全状况的等级值波动性变化（可增大，也可减小，也可以不变），但 2020 年等级值需要比 2000 年等级值低	

注：波动稳定型、波动增长型、波动减少型的转换代码过多，所以只列举了一部分

3.1.4 生态安全的变化

国内外已经开展了一些关于绿洲生态安全变化动态度研究，主要包括：对绿洲生态系统组成和功能变化的监测研究；基于遥感和地面调查数据，对绿洲植被覆盖度、土地利用类型变化的研究；利用生态网络模型评估绿洲生态脆弱性变化规律等。这些研究结果显示，不同区域绿洲生态环境状况存在明显差异，主要受水资源变化和人口增长带来的资源压力影响，整体趋势是绿洲生态质量和功能逐步下降。未来研究可从以下几个方面加强：①提升监测指标体系和方法水平；②扩大研究范围，对比分析不同区域变化特征；③利用系统动态模拟技术，预测生态风险变化趋势；④研究人与自然互动机制，为绿洲保护与可持续发展提供科学依据。

总体来看，系统全面评估和动态监测绿洲生态安全变化，对制定科学的保护对策和应对气候变化具有重要意义。同时，还需要加强跨学科合作，促进相关研究水平。对河西走廊主要绿洲（如敦煌绿洲、玉门绿洲等）植被覆盖度和类型长期变化监测研究，结果显示不同区域植被质量普遍下降，人为因素影响明显增强。利用遥感技术对河西走廊绿洲土地利用/土地覆盖变化进行动态监测和评估，发现近年来耕地和建设用地不断扩大，天然植被面积在缩小。基于生态网络模型，对河西走廊绿洲生态系统结构和功能进行评估，发现整体生态完整性和连通性在下降。利用水资源变化数据，研究不同时期河西走廊绿洲生态环境承载能力变化规律，发现水资源短缺加剧、绿洲生态脆弱性增大。通过比较分析，发现河西走廊南北绿洲生态环境变化程度存在差异，北部绿洲受人口活动影响更大，生态质量下降幅度大于南部绿洲。因此，通过建立绿洲生态-社会-经济耦合模拟系统，预测不同水资源和人口变化情形下河西走廊绿洲生态风险变化趋势，采取整体协调的保护开发方式，实现河西走廊绿洲生态安全的可持续发展。

此外，河西走廊地区生态系统安全状况的长时间序列动态变化情况也值得进一步探讨。对于每个时期，X_i（$i=1,2,\cdots,n$）指的是河西走廊地区生态系统安全指数值，$\bar{X}$ 表示数据序列的算术平均值。生态系统安全指数的动态度定义为

$$\mathrm{DEH} = \frac{X_i - \bar{X}}{\sqrt{\dfrac{\sum\limits_{i=1}^{n}(X_i - \bar{X})^2}{n}}} \tag{3.20}$$

式中，DEH 为生态系统安全指数的动态度，如果 DEH>1，则被认为是变化频率显著增加，如果 DEH<1，则被认为是显著减少。

3.2 绿洲生态安全时空演变特征

根据 3.1 节，以生态系统活力-组织力-恢复力-脆弱性（VORV）的时空变化来揭示河西走廊绿洲区生态安全时空变化特征。生态系统活力反映了生态系统的稳定性和健康程度，组织力指示了生态系统的自我调节和适应能力，恢复力代表了生态系统受到干扰后的恢复能力，而脆弱性则显示了生态系统面临压力和风险时的脆弱程度。通过综合分析这些指标的变化，可以更好地了解河西走廊绿洲区生态安全的演变情况，为生态保护和可持续发展提供科学依据。

3.2.1 河西走廊绿洲区生态系统活力时空变化特征

从生态系统活力的空间分布来看（图 3.3），2000~2020 年总体分布趋势一致，呈东南高，西北低的空间分布特征。整体来看，生态系统活力值高的地区主要集中在祁连山区等植被覆盖率高的地区，而在研究区西北部的酒泉市、嘉峪关市和武威市等的大部分地区生态系统活力值相对较低。这部分区域虽然受到人类活动的影响较少，但因自然环境和气候因素的影响，区域内植被覆盖率比较低，自然景观结构单一，且有大面积的沙漠分布，使得该区域生态系统活力较低。从时间变化上来看，2000~2020 年，河西走廊地区的生态系统活力值总体呈上升趋势，生态系统活力值较高地区的面积也在增加。2000 年西部大开发以来，人类活动加剧，使得城市建设用地面积扩张，林地和草地面积减少，生态用地减少，生态系统活力也处于较低水平，后来随着石羊河流域防沙治沙及生态恢复规划等生态治理措施的相继提出，河西走廊地区荒漠化得到控制，生态逐渐恢复，生态环境状况有所改善，生态系统活力值也在不断提升。

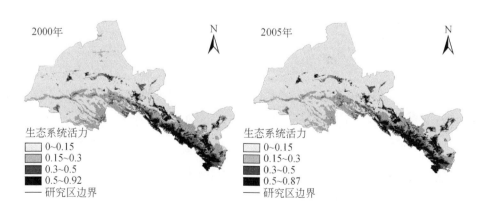

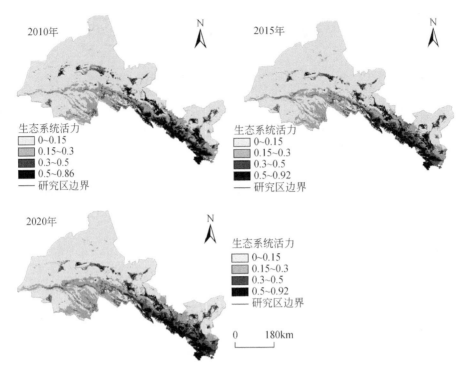

图 3.3　2000～2020 年河西走廊地区生态系统活力分布情况

3.2.2　河西走廊绿洲区生态系统组织力时空变化特征

　　河西走廊 2000～2020 年生态系统组织力的空间分布 (图 3.4) 整体趋势是一致的，呈现西北部高东南低的分布特征。其中，处于河西走廊地区东南部的祁连山地区以及河西五市的城区，生态系统组织力处于较低水平，说明该区域人口分布密集、经济发达、交通便利、城市化水平高，影响了其生态的结构稳定性，表明人类活动对生态系统组织力带来的影响较大。在时间上来看，2000～2020 年整个研究区的生态系统组织力随时间变化呈增加趋势，2015 年和 2020 年的生态系统组织力较高的地区面积明显增加，其中祁连山地区的生态系统组织力明显提升，分析原因是 2012 年以来祁连山生态环境保护及治理问题受到国家相关部门高度重视，实施了一系列的生态保护与建设措施，使得祁连山地区水土保持能力提高。另外，"生态功能区划"和"乡村振兴战略"等政策的实施，使得河西走廊地区生态环境得到改善，生态的结构稳定性也进一步增加，进而生态系统组织力也相对提高。这些措施不仅改善了生态环境，还推动了农民参与生态保护与管理的积极性，从而形成了良好的生态治理机制，进一步增强了区域生态系统的自我调节能力。

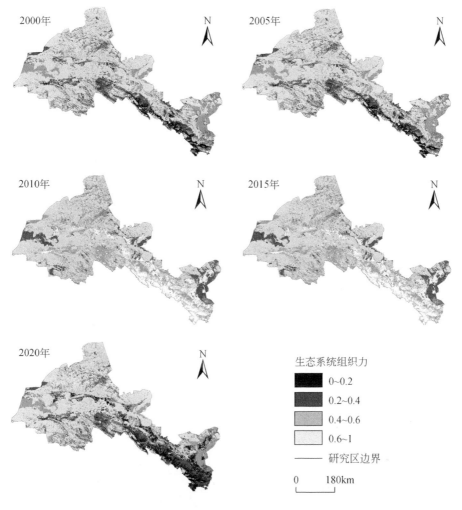

图 3.4 2000～2020 年河西走廊生态系统组织力分布情况

3.2.3 河西走廊绿洲区生态系统恢复力时空变化特征

从生态系统恢复力的空间分布来看（图3.5），其值较高的地区主要分布在河西走廊地区西北部森林茂密的山区、草原以及受人类活动干扰较小的沙漠、戈壁滩等地区，而在河西五市的城区以及祁连山地区，人口密集，人类活动频繁，对自然生态的干扰较大，生态系统恢复力明显较低。同时由于自然环境和气候变化等致使生态发生了巨大变化，导致区域生态系统恢复力较低。从时间变化上看，2005 年和 2010 年生态系统恢复力最高，最大值为 0.384，2000 年生态系统恢复力较低，最大值为 0.149，最低值从 2000 年的 0.006 增加到 2020 年的 0.007，生态系统恢复力增加。这主要是由于在 2005 年之前一段时期内，随着河西走廊地区移民政策的实施，该地区人口开始不断增加，城市化扩张，荒地被不断开垦，建设用地面积逐步扩大，导致生态用地等的面积不断减少，自然生态环境恶化，所以该区域生态系统恢复力持续较低。2007年《石羊河流域重点治理规划》、2012年《祁连山生态保护与建设综合治理规划（2012—2020年）》以及2014年《新一轮退耕还林还草总体方案》等生态治理规划方案的相继发布，使得该区域的自然生态环境状况得到极大改善，林地、草地等的面积持续增加，生态系统恢复力也不断增强。另外，地方政府积极推进的"生态恢复示范区"项目，通过改良土壤、增加地下水补给和强化生态监测，促进了生态系统的自我修复能力。这些实践举措不仅恢复了被破坏的生态环境，也增强了区域抵御自然灾害和气候变化的能力，为可持续发展奠定了基础。

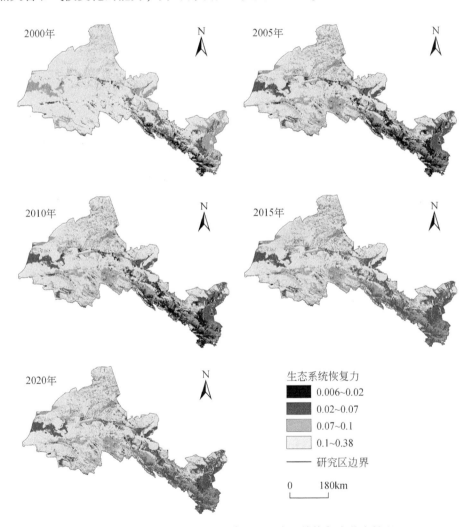

图3.5 2000～2020年河西走廊地区生态系统恢复力分布情况

3.2.4 河西走廊绿洲区生态系统脆弱性的时空演变特征

1. 生态系统脆弱性空间分布特征

生态系统脆弱性计算结果如图 3.6 所示。总体而言，河西走廊生态系统脆弱性以极度脆弱性为主，且空间分布差异较大。低度和轻度脆弱区主要分布在河西走廊南部的祁连山区，分别占河西走廊总面积的 8.07% 和 20.89%。该区平均海拔 4000m 以上，植被生长条件好，水分充足，受人类活动影响较小，为国家重点自然保护区，保护力度强，生态系统脆弱性较低。此外，低度脆弱区也分布在河西走廊三大内陆河流域的平原绿洲区。该区地形平坦，水系支流多，灌溉面积丰富，水资源相对丰富，生态脆弱程度较低。中度脆弱区

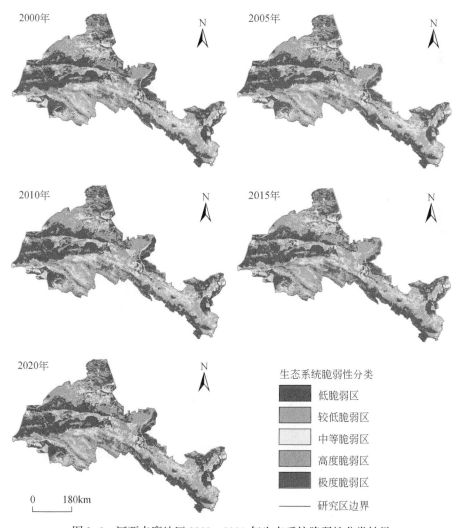

图 3.6 河西走廊地区 2000~2020 年生态系统脆弱性分类结果

分布较为分散，主要集中在河西走廊的西南、北部和绿洲区外缘，占河西走廊总面积的15.09%。高度脆弱区和极度脆弱区主要分布在河西走廊西北、中部和东部三大内陆河流域外缘的荒漠地区，分别占河西走廊总面积的23.95%和32.00%。这些地区多为戈壁和沙地，气候干燥，降水稀少，土地沙漠化严重，生态脆弱性相对较高。近几年，地方政府推行了"水资源管理办法"和"生态红线划定"政策，以限制不合理的水资源开发和土地使用。然而，尽管有政策引导，过度依赖地下水和单一的农业模式仍然导致了生态环境的进一步恶化。此外，部分区域的森林和草地退化现象加剧，生态退化的风险日益增加。这些实践表明，尽管有政策支持，生态系统的脆弱性仍需引起高度重视，亟待综合治理与多方协作。

2. 生态脆弱性时序变化特征

从时间变化特征看，2000～2020年河西走廊整体生态系统脆弱性呈轻微下降趋势（图3.7），区域平均脆弱性指数从2000年的0.67下降到2020年的0.66。其中，轻度和低度脆弱区总面积从2000年的68 599.86km^{2}增加到2020年的72588.18km^2，面积占比增加1.03个百分点。中度和轻度脆弱区多位于河西走廊南部祁连山和河西绿洲地区，处于生态基础较好、植被和降水条件优越、保护力度强的核心保护区，脆弱性程度较低。高度脆弱区面积基本保持不变，略有增加。中度和极度脆弱区面积呈减少趋势，总面积从2000年的119 395.3km^{2}减少到2020年的114 560.7km^2，面积占比减少1.51个百分点。主要原因是近年来河西走廊降水和植被条件有所改善，国家投入大量人力、物力和财力改善区域环境条件，生态环境质量有所改善。

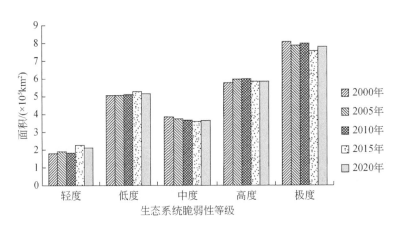

图3.7　生态系统脆弱性区域分布

3. 年际变化特征

图3.8为2000～2005年、2005～2010年、2010～2015年和2015～2020年的年际变化

特征空间分布。2000～2005 年，不变区面积占比为 90.26%，轻度下降区高于轻度上升区；其中，轻度下降区主要位于祁连山南部边缘和河西绿洲地区，轻度上升区主要位于河西走廊北部和东南部。2005～2010 年，轻度上升区比轻度下降区高 5.6%；轻度下降区主要位于河西走廊的西南部，轻度上升区位于祁连山边缘和石羊河流域的绿洲地带。2010～2015 年，河西走廊南部和东部轻度下降区分布较广，而河西走廊西南部轻度上升区分布较广。2015～2020 年，生态脆弱性有所增强，轻度上升区面积达到 15.07%。

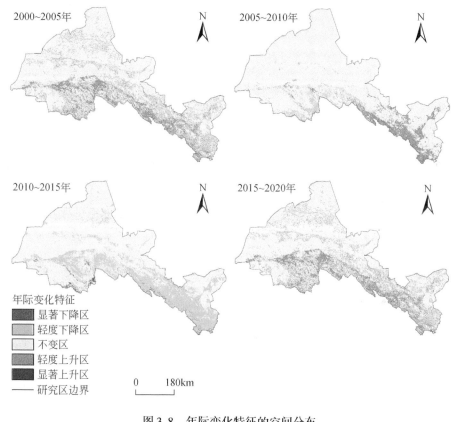

图 3.8　年际变化特征的空间分布

总体上，生态系统脆弱性以不变区、轻度下降区和轻度上升区为主，显著下降区和显著上升区分布较少。多年平均不变区比例超过 80%，主要是由于河西走廊大部分为戈壁沙漠和高山，生态环境常年相对稳定。2000～2015 年，生态系统脆弱性呈下降的波动趋势，2015 年轻度下降区生态脆弱性达到 26.44%。一方面，当地气候的变化和降水条件的改善改善了生态环境质量，当地政府通过建立各种引水工程和建设防护林，促进了当地自然生态林的恢复。另一方面，国家政策的实施使大面积耕地转化为林地和草地，提高了水土保持能力，防止了生态环境的进一步恶化。2015～2020 年，生态系统脆弱性呈上升趋势，其主要原因是地方经济快速发展、耕地不合理灌溉和过度放牧。

3.3 生态安全总体变化状况

3.3.1 生态安全状况变化模式

为进一步分析河西走廊地区生态安全状况长时间序列的整体转换特征，将不同生态安全状况的土地按照表3.8进行等级划分，并分别计算其面积及其占比。结果显示：总体来看，2000~2020年的生态安全状况整体上呈连续稳定型的变化模式，波动增长型的面积占比大于波动减少型，其他变化模式占比很小。在空间分布上来看，生态安全指数波动减少型区域主要分布在河西五市的城区以及绿洲边缘地区，通过分析发现，该区域的土地利用类型在2000~2020年未利用地面积较少，而耕地、水域等的面积增加，从而该区域生态安全状况得到明显改善（图3.9）。而生态安全状况对应的波动增长型区域主要分布在河西五市的城区，分析原因可知，该区域随着经济的发展，城市化扩张，使得建设用地面积不断增加，荒漠化加剧，生态安全状况波动变化增加，安全状况变差；生态安全状况连续稳定型及波动变化型（包括波动增长型和波动减少型）地区占据了研究区大部分面积，2000~2020年，生态安全状况较为稳定，在空间分布上没有发生大面积、大幅度波动。

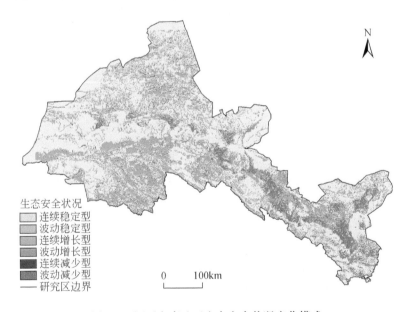

图3.9 河西走廊地区生态安全状况变化模式

3.3.2 生态安全动态度变化特征

根据 2000 ~ 2020 年河西走廊地区生态活力指数、生态组织力指数、生态恢复力指数和生态脆弱性指数变化的空间分布，生态安全指数变化频率明显上升的地区主要分布在河西五市的城区，占河西走廊总面积的 33.33%，变化频率明显降低的地区集中于河西走廊的非城区，面积占比达 66.67%。在空间分布上来看，动态度下降的区域主要分布在祁连山山区及沙漠分布地区，这主要是由于祁连山地区，河流较多，水资源充沛，植被覆盖度较高，人类活动干扰相对较低，而沙漠分布地区人类活动干扰较少，自然环境状况较差，动态度下降较小。动态度增加地区主要分布在人口密度较大，人类生产活动频繁地区及其武威绿洲、民勤绿洲等地区。2000 ~ 2020 年，随着经济发展和人口增加，人类活动对生态环境的影响经历了一个先增加后减缓的过程。随着经济的发展和城市化的扩张，经济发展与生态环境的关系日益突出，对河西走廊地区的生态安全产生了影响。总体来看，虽然河西走廊地区生态安全状况总体动态度变化增加地区面积较少，但其局部变化动态度增加面积依然在增多，生态安全状况依然不稳定（图 3.10）。

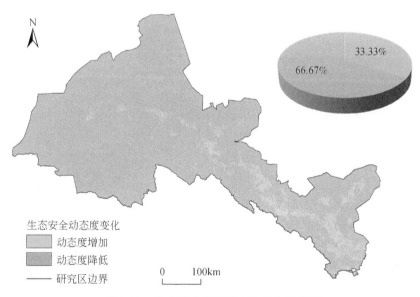

图 3.10　生态安全动态度变化的空间特征

3.4　生态环境管理与优化

分析该地区的生态组织力、生态活力、生态恢复力、生态脆弱性及其分区的目的是为决策者提供生态管理和保护的建议。通过计算总体格局指数，将河西走廊划分为生态核心保护区、综合生态监测区、生态优化关注区、生态恢复管理区和生态潜力治理区5个区域，对结果进行分析。分区统计结果如表3.9和图3.11所示。

表3.9　区域分区统计结果

优化分区类型	面积/km²	比例/%	编码	解释
生态核心保护区	78 124.24	31.81	11111，22222，33333	常年温和，低温区域
综合生态监测区	117 169.44	47.70	44444，55555	常年高极端区域
生态优化关注区	23 442.54	9.54	21111，21121，21211，21221，22111，…	波动变化，整体减少区域
生态修复管理区	12 053.81	4.91	11112，11122，11212，11222，12112，…	波动变化，整体提升区域
生态潜力治理区	14 836.36	6.04	11121，11211，11221，12111，12121，…	波动变化，总体不变区域

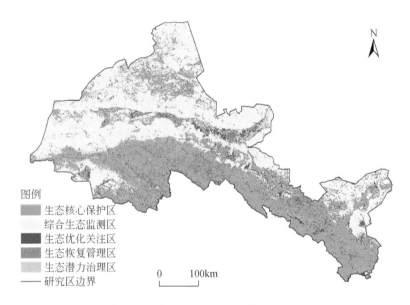

图3.11　分区统计结果的空间分布特征

　　生态核心保护区由常年轻度、低度、中度脆弱区组成，占整个研究区的31.81%，主要分布在河西走廊南部的祁连山区、山前绿洲区和河西走廊北部的部分中低山区。山地林草多为天然植被保护区，具有保持水土平衡、涵养水源的重要作用。对这些地区，要开展重点和核心保护，实施退耕还林还草工程，增加林草覆盖，同时采取围栏封育、休牧、轮作等措施，增强草地恢复力，防止水土流失进一步加剧。山前绿洲区主要是灌溉农业区，由于灌溉方式不合理和水资源利用无序，土壤盐碱化和土地退化较为严重。因此，对于这些地区，必须改进耕作和灌溉技术，推广节水农业，合理配置河流上、中、下游水资源，兼顾经济发展和促进生态环境保护。

综合生态监测区由常年高度、极端脆弱区组成，占整个研究区的47.70%，主要位于河西走廊的荒漠戈壁地区，以未利用地为主。这些地区常年处于稳定状态，降水稀少，蒸散迅速，植被分布稀疏。对于这些地区，以预防和保护为主，在该地区有计划地种植固沙植物，防风固沙，同时减少人类活动的干扰，阻止沙漠化的扩大。

生态优化关注区主要分布在河西走廊绿洲区和祁连山部分地区，为波动变化区和整体减少区，占整个研究区的9.54%。这部分地区是保护区，脆弱性的降低表明多年来对生态的管理非常有效。因此，对于这部分区域，生态环境将继续按照原来的政策进行保护。

生态恢复管理区由波动变化区和整体增长区组成，占整个研究区的4.91%，主要分布在河西走廊北部。该地区分布有广阔的戈壁，缺乏常年地表径流，造成了极端干燥的气候和整体生态脆弱性的提高。对于这部分区域，应建立生态缓冲区，同时更合理地配置水资源，提高生态弹性。

生态潜力治理区由波动变化区和整体不变区组成，其面积占整个研究区的6.04%，主要分布在疏勒河和黑河流域边缘。由于河西走廊地处干旱半干旱区，气温和降水条件极不稳定，同时人类活动的影响程度也在变化，因而处于波动变化状态。因此，有必要在流域边缘地区实施封沙和种草工程，使生态始终保持在稳定的水平。

第 4 章

基于 CLUE-S 模型的河西走廊绿洲区 水土资源优化配置策略

4.1 CLUE-S 模型基本理论

4.1.1 模型原理及理论框架

CLUE-S 模型继承和发展自 CLUE 模型，由荷兰瓦格宁根大学"土地利用变化和影响"研究小组提出。相比之前更适用于宏观尺度的土地利用情景模拟分析的 CLUE 模型，CLUE-S 模型通过采用更高分辨率的栅格化空间数据表达不同土地利用类型的空间分布（表 4.1），极大地提升了模型在小流域尺度土地利用配置优化方面的应用效果。

表 4.1 CLUE 模型与 CLUE-S 模型异同比较

名称	相同点	不同点
CLUE 模型	1）以土地利用变化为基础，定量分析土地利用演变与自然、社会经济、交通和环境等驱动因素之间的内在关系和潜在规律； 2）模拟土地利用类型之间的竞争和空间布局	1）应用尺度：洲际或国家级的大区域（宏观尺度）； 2）分辨率：对空间分辨率要求较低，计算结果精度较低，空间分辨率比较粗糙，一般介于 7km×7km ~ 40km×40km
CLUE-S 模型		1）应用尺度：小区域、小流域或县（区）级尺度（中观和微观尺度）； 2）分辨率：对数据空间分辨率要求较高，计算结果精度较高，一般大于 1km×1km

CLUE 模型和 CLUE-S 模型的核心是运用 Logistic 回归方法提取不同土地利用类型之间的转换可能性，并根据各类土地利用的增减需求和转换顺序等信息，推演在某一结构约束条件下未来土地利用格局的动态演变。作为这类模型的基本信息处理和表达单位，每个栅格被视为某一主导土地利用类型的空间代表，栅格上的属性即表示该片土地的利用功能。

CLUE-S 模型的基本假设是土地利用变化受区域内部各类土地利用需求的变化所驱动，

且任一时段的土地利用格局与该时段的土地利用需求水平、自然环境条件和社会经济发展水平之间存在动态平衡关系。运用系统科学和复杂性科学理论，CLUE-S 模型从宏观上处理区域不同土地利用类型之间的竞争和制衡关系，实现对土地利用变化过程的同步模拟。

从方法论上讲，CLUE-S 模型融合了诸如土地利用变化的关联性、土地利用类型的系统等级关系、土地利用竞争的价格机制、土地资源配置的稳定性原则等理论，形成了一个相对完整的概念框架。

4.1.2　模型架构

CLUE-S 模型大致可分为两部分：非空间土地需求模块和空间分配模块。图 4.1 展示了 CLUE-S 模型的总体架构。

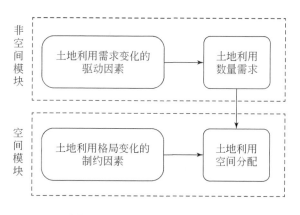

图 4.1　CLUE-S 模型架构示意

非空间模块负责基于区域土地利用变化的综合驱动因素预测土地类型的面积和数量变化。对土地使用类型的需求通常在未来的某个时间段内每年计算一次。然而，非空间模块的计算效率相对较低，因为在预测不同土地利用的数量时需要输入各种影响因素。因此，当前使用其他模型来执行非空间模块计算和预测，这可以独立于 CLUE-S 模型来完成，并允许对土地利用类型的年度面积和数量要求进行更灵活的计算和模拟，从而产生一系列具有年度步长的数据，这些数据作为数量要求输入到空间分配模块中。

空间分配模块基于基期的网格型空间数据，根据土地利用变化的驱动因素、获取土地利用变化约束条件和土地利用转换规则，计算出每种土地利用类型的空间分布概率。通过连续迭代计算，找到最适合每个网格单元的空间布局。CLUE-S 模型的一个独特优势是能够对全球土地利用类型进行空间配置，而传统的元胞自动机（CA）和多智能体（Multi-agent）模型只能对单个土地利用类型执行空间配置。

CLUE-S 模型的空间配置过程可以描述为：从第一个网格开始，考察网格对不同土地利用的总体适宜性，并将网格的属性转变为适宜性最高的土地利用类型。同步计算每个土地利用类型的实时面积，当某一土地利用类型面积达到其约束条件时，该土地利用类型配置完成，第二个土地利用类型开始配置，以此类推，直到配置完所有土地利用类型（图4.2）。

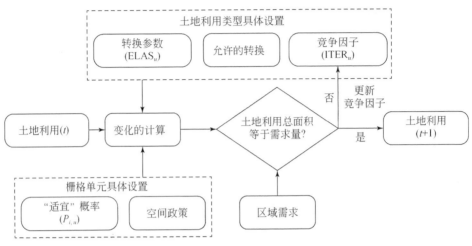

图 4.2　CLUE-S 模型的空间分配流程

CLUE-S 模型空间配置的关键在于对整体适用性的量化。它由三个部分组成：

$$TPROP_{i,u} = P_{i,u} + ELAU_u + ITER_u \qquad (4.1)$$

式中，$TPROP_{i,u}$ 为栅格 i 对土地利用类型 u 的总体适宜概率；$ELAU_u$ 为土地利用类型 u 的转换参数，根据栅格的现状属性确定，表示土地利用类型的转换成本，如现状是建设用地，则转换为农用地的成本较大，那么在进行农用地配置时 ELAU 值设置较大；$ITER_u$ 为土地利用类型 u 的竞争因子，迭代过程中自动设置，且不断改变其大小，目的是加快配置速度；$P_{i,u}$ 为栅格 i 对于土地利用类型 u 的"适宜"概率，是土地利用现状图对不同空间因子的 Logistic 回归结果，即土地利用现状的空间分布规则，CLUE-S 模型就是根据该规则推演未来用地布局状况，因此更多的是对未来布局的模拟。可见 P 只表示现状分布规则，若现状分布是优化的，则 P 表示的规则就是优化的，进而 CLUE-S 模型空间配置结果就是优化的，同理，若现状分布不合理，则未来模拟结果亦不合理。因此，为了获得未来土地利用的优化布局，通常需要首先优化当前布局，并确保不同土地利用类型的分布规则处于优化水平，然后提取分布规律，用于推导未来土地利用的优化布局。

图 4.3 概述了运行 CLUE-S 模型所需的信息。这些信息被分成四类，共同为模型在迭代过程中计算最佳解决方案提供了条件和可能性。

1）土地利用类型转换规则决定了模拟的时间动力，它包括土地利用类型转移弹性和土地利用类型转换序列两部分。

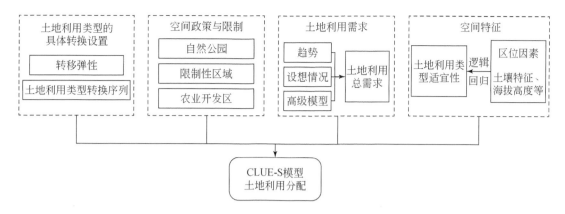

图 4.3　CLUE-S 模型中的信息流概述

　　土地利用类型转移弹性主要受土地利用类型变化可逆性的影响，一般用 0 ~ 1 的数值表示，值越接近 1 表明转移的可能性越小。具有高资本投资的土地利用类型在需求充足的情况下不会轻易转换成其他用途。例如，住宅用地以及种植永久作物的种植园很难向其他地类转变，其值可以设为 1；而土地利用程度低的地类则很容易向土地利用程度高的地类转变，如未利用地容易转变为其他地类，其值可以设为 0。目前关于该参数的设置尚无精确计算方法，只能靠研究人员对研究区土地利用变化的理解来确定，并在模型检验过程中不断调试。

　　土地利用类型转换序列通过设定各个土地利用类型之间的转移矩阵来定义各种土地利用类型之间能否实现转变。这些设置在转换矩阵中指定，该矩阵定义了当前土地利用类型可以转换为哪些其他土地利用类型，或者不能转换成哪些类型（表 4.2，图 4.4）。

表 4.2　土地利用转移矩阵

现状↓	未来→		
	林地	耕地	荒草地
林地	+	+（a）	+（b）
耕地	-	+	+（d）
荒草地	-	+（c）	+

+：可转换；-：不可转换

　　土地利用类型在一个位置应该保持相同多少年（或多少时间步骤）之后，它能变成另一种土地利用类型。在像森林重新生长的情况下，这一点可能很重要。开放森林不能直接变成封闭森林。然而多年之后一个未受干扰的开放森林因为重新生长可能会变成封闭森林。

　　土地利用类型可以保持相同状态的最大年数。这一设置特别适用于在漂移耕作体系内

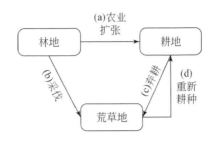

图 4.4　土地利用转移次序

的耕作地。在这些系统中，由于土壤养分流失和杂草入侵，耕地可以使用的年数通常是有限的。

　　重要的是要注意，转换表中只指明了转换可能发生或应发生之前的最小和最大年数，具体的年数取决于土地使用压力和特定的地点条件。这些相互作用的模拟，结合转换矩阵中设置的限制，将决定转换发生前的时期长度。

　　2）土地政策和限制区域能够影响区域土地利用格局。在 CLUE-S 模型中这些政策的作用是限制土地利用格局发生变化。这些限制因素分为两类：一种为区域性限制因素，如自然保护区、基本农田保护区，这种限制因素需要以独立图层的形式输入到模型中；另一种则为政策性限制因素，如禁止采伐森林的政策可以限制林地向其他土地利用类型的转变。因此该模块对模拟结果主要产生两种影响：一是限定模拟结果中某一特定区域不发生变化，二是限定某一特定地类不发生转变。

　　3）土地使用需求是作为特定情景的一部分在总体水平（整个案例研究的水平）上计算的。土地利用要求通过定义土地利用中完全需要的变化来约束模拟。单个像素的所有更改加起来都应符合这些要求。在该模型中，土地利用需求的计算独立于 CLUE-S 模型本身。这些土地使用要求的计算基于一系列方法，具体取决于案例研究和情景。将最近到不久的将来的土地利用变化趋势外推是计算土地利用需求的常用技术。必要时，可以根据人口增长和土地资源减少的变化来纠正这些趋势。在政策分析方面，还可以将土地利用要求创建在宏观经济变化的高级模型的基础上，这些模型可以提供将政策目标与土地利用变化要求联系起来的情景条件。

　　4）空间特征基于土地利用变化发生在其最有可能出现的位置上这一理论基础。土地利用变化预计将发生在当时对特定土地利用类型具有最高"倾向"的地点。所谓的"倾向"是指在决策过程中，不同参与者之间的相互作用所形成的，导致土地利用在空间上呈现出特定的配置模式。一个地区的倾向是通过基于对土地利用变化动因的不同学科理解的一系列因素来进行经验性评估的，倾向的计算遵循以下公式：

$$R_{ki}=akX_{1i}+bkX_{2i}+\cdots\cdots \qquad (4.2)$$

式中，R_{ki} 为将地区 i 投入土地利用类型 k 的倾向；X_{1i}，X_{2i} 为地区 i 的物理或社会经济特征；ak 和 bk 为这些物理或社会经济特征对土地利用类型 k 倾向的相对影响。模型的具体构建应基于对研究区域内土地利用空间分配重要过程的深入分析。

随后计算出各个土地利用类型在空间上的分布概率，即各种土地利用类型的空间分布适宜性，它主要受影响其空间分布因素的驱动。这些空间分布因素未必直接导致土地利用发生变化，但是土地利用变化发生的位置与这些空间分布因素间存在定量关系。在 CLUE-S 模型中用 Logistic 回归通过计算事件的发生概率，使用自变量作为预测值可以解释土地利用类型及其驱动力因素之间的关系，其优点是变量既可以是连续的也可以是分类的。其表达式如下：

$$\mathrm{Log}\left(\frac{P_i}{1-P_i}\right)=\beta_0+\beta_1X_{1,i}+\beta_2X_{2,i}+\cdots+\beta_nX_{n,i} \qquad (4.3)$$

式中，P_i 为每个栅格单元可能出现某一土地利用类型 i 的概率；X 为各驱动因素；β 为各个影响因子的回归系数。逐步回归方法有助于从许多影响土地利用格局的因子中筛选出相关性较为显著的因子，那些对解释土地利用格局不显著的变量将在最后的回归结果中被剔除。一般某一地类分布概率的高值区域将对应模拟结果中该地类的分布区域。对于每种地类回归方程的拟合度可以用 ROC 曲线进行检验，根据曲线下的面积大小判断计算出的地类概率分布格局与真实的地类分布之间是否具有较高的一致性，该值介于 0.5~1 之间，值越高，地类的概率分布与真实的地类分布之间一致性越好，回归方程越能较好地解释地类的空间分布模型运行时的土地利用分配；反之若该值越接近 0.5 说明回归方程对地类分布的解释意义越低。

这些位置特征大多数与位置直接相关，如土壤特征和海拔高度。然而，特定地点的土地管理决策并不总是仅基于地点的具体特征。其他层面的条件，如家庭、社区或行政层面，也可能影响决策。这些因素以可达性衡量标准来表示，表明该位置相对于重要区域设施（例如市场）的位置，并通过使用空间滞后变量来表示。人口密度的空间滞后测量近似于该位置的区域人口压力，而不是仅代表居住在该位置本身的人口。

4.2 CLUE-S 模型使用

4.2.1 用户界面

用户可以在荷兰环境问题研究所（Institute of Environmental Studies）的官方网站下载

并安装 CLUE-S 模型。打开安装目录下的 clues. exe，打开 CLUE-S 模型后可以看见模型的用户界面由两部分组成（图4.5）。上部的深灰色皮肤支持模型的多个输入变量的规范。用户界面的底部提供模拟期间的运行时信息。编辑输入菜单提供了编辑文本文档所需的多个条目，可以编辑这些文本文档来配置模型设置。在"区域限制"和"需求场景"下，应为特定模型运行选择场景文档之一。只有当所有这些变量都正确输入后，模拟才能启动。模式菜单提供以下选项：

1）执行常规模拟（无选中的项目）。

2）仅计算第一年的概率图（包括邻域和特定位置的增量）：计算概率图。

3）为元模型运行准备所有年份的概率图：准备概率图。

4）基于已经计算的概率图进行模拟（对于重复运行、校准或敏感性分析而言，速度更快）：元模型运行。

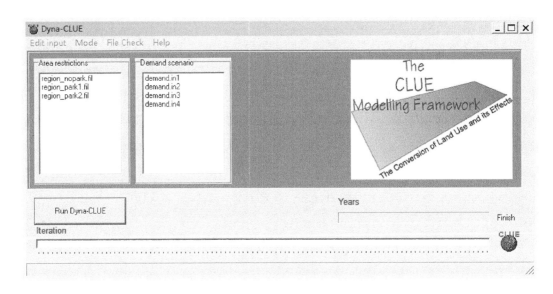

图4.5　CLUE-S 模型的界面

4.2.2　主要参数和回归结果的编辑

单击"Main parameters"按钮后，将出现一个文本编辑器（图4.6），此文档包含确定仿真配置的所有重要参数。可以在文本编辑器中编辑参数，并通过按"保存"按钮进行保存。只有在按下"保存"按钮后，更改才会影响模拟。文本编辑器中指定的参数保存在安装目录中名为 main. 1 的文档中，具体参数含义见4.4.1节主要参数的设置一节。此文档也可以通过记事本或任何其他文本编辑器进行编辑。当安装目录中不存在文档 main. 1 时，无法在 CLUE-S 中对其进行编辑。

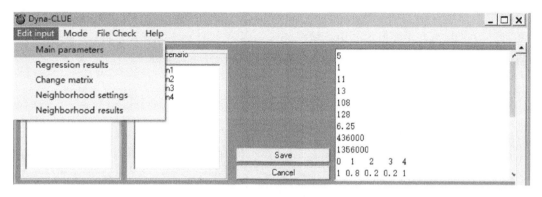

图 4.6　编辑主要参数的窗口

单击"Regression results"按钮后，会出现一个文本编辑器，其中包含不同土地利用类型回归分析结果的文件（图 4.7）。也可以通过打开安装目录中的 alloc1.reg 文件，使用任何文本编辑器直接编辑文件。同样，如果安装目录中没有 alloc1.reg 文件，就无法在 CLUE-S 中编辑该文件。该文件的格式如下：

第一行，土地利用类型的数字代码（例如森林）。

第二行，土地利用类型回归方程的常数。

第三行，回归方程中解释因子（sc1gr#.fil 文件）的数量。例如，人口密度、到道路的距离和火山岩是森林土地利用类型的解释因子，因此解释因子的数量为 3。

第四行及以后，每行包括解释因子的 β 系数和解释因子的数字代码。

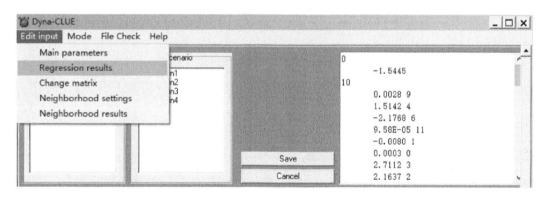

图 4.7　编辑回归参数的窗口

4.2.3　转换矩阵的编辑

土地利用类型转换规则中的土地利用类型转换序列在 Change matrix 中编辑：单击

"Change matrix" 按钮后，会出现一个文本编辑器，其中包含 allow. txt 文件（图 4.8）。这个文件是一个指示允许的土地利用转换的矩阵。它是一个 $y \times y$ 的矩阵，其中 y 等于土地利用类型的数量，如有 8 种土地利用类型，那么它将是一个 8×8 的矩阵。行表示当前的土地利用类型，列表示潜在的未来土地利用类型。值为 1 表示允许转换，值为 0 表示不允许转换。

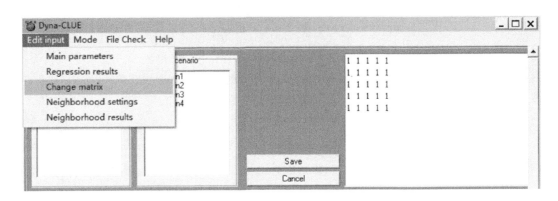

图 4.8　包含转换矩阵的文本窗口

4.2.4　邻域结果和邻域设置

单击"Neighborhood results"按钮后，会出现一个文本编辑器，其中包含 alloc2. reg 文件（图 4.9）。也可以通过打开安装目录中的 alloc2. reg 文件，使用任何文本编辑器直接编辑文件。该文件的格式与 alloc1. reg 相同：

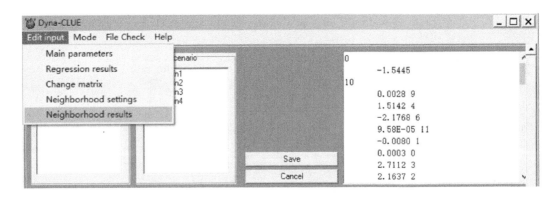

图 4.9　编辑邻域回归参数窗口

第一行，土地利用类型的数字代码。

第二行，土地利用类型邻域回归方程的常数。

第三行，回归方程中解释因子（土地利用类型）的数量。例如，邻域中城市区域和耕地的存在是城市区域土地利用类型的解释因子，因此解释因子的数量为2。

第四行及以后，每行包括解释因子的 β 系数和解释因子的数字代码。在使用邻域函数时，解释因子是土地利用类型，因此数字代码为土地利用类型的数字代码。

上述顺序必须针对每种土地利用类型重复。如果考虑了多个地区，并为不同地区派生了不同的邻域回归，那么所有土地利用类型的完整序列应该针对不同地区进行复制。然后，主输入文件的第16行开关应设置为1或2。如果考虑了更多地区，并且位置因素和邻域交互的回归函数相同，主输入文件的第16行开关应设置为0，并且不再输入额外的回归结果。

而单击"邻域设置"按钮后，会出现一个文本编辑器，其中包含 neighmat.txt 文件（图4.10）。在这个文件中指定了邻域的大小、形状和分配给邻域函数的权重。该文件的格式如下：

第一行，为每种土地利用类型分配给邻域函数的权重（0~1）。

第二行及以后，对于每种土地利用类型：邻域的半径（1表示中心单元格的每一侧1个网格单元格）。

接着是邻域的形状（其中各个单元格的权重为0~1）。

以下示例展示了一种包括三种土地利用类型的案例研究：

在这个示例中，邻域函数仅用于土地利用类型0和土地利用类型1；第一行中，土地利用类型2的权重设置为0。土地利用类型0使用了一个大小为中心单元格的每一侧2个网格单元格的邻域，其中外侧单元格的权重为中心单元格旁边单元格权重的一半。对于土地利用类型1，使用了一个大小为中心单元格的每一侧1个网格单元格的邻域。在CLUE-S模型中可以使用的最大邻域大小为中心单元格的每侧24个单元格。

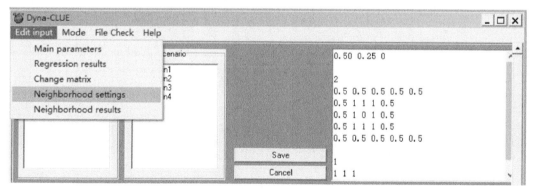

图4.10　编辑邻域设置的文本窗口

4.2.5 区域限制设置

空间政策和限制可以指示通过政策或土地所有权状态受到限制的土地利用变化区域。CLUE-S 模型具有指示这些区域限制位置的可能性。在安装目录中名为 region1.fil 的文件将出现在"区域限制"选择框中。这些文件应包含一个网格，其单元格大小和范围与其他网格相同，指示应在哪些网格单元进行土地利用变化计算，计算仅使用活动单元。此外，该网格可以指定在活动区域的哪个部分适用特殊条件。

活动单元值为 0，无数据单元应值为-9999，受限区域单元应值为-9998。如果研究区域由多个区域组成，应指出受限区域位于哪个区域。受限区域应使用以下数值进行标记：区域 0：-9998；区域 1：-9997；区域 2：-9996；等等，最多可达 98 个区域。被定义为受限区域的网格单元被认为在土地利用上面临无变化，如在自然保护区内。图 4.11 显示了一个 8 行 8 列的区域的示例，其中岛屿中心有一个受限部分。此外，受限区域内的土地利用面积应包括在需求中。

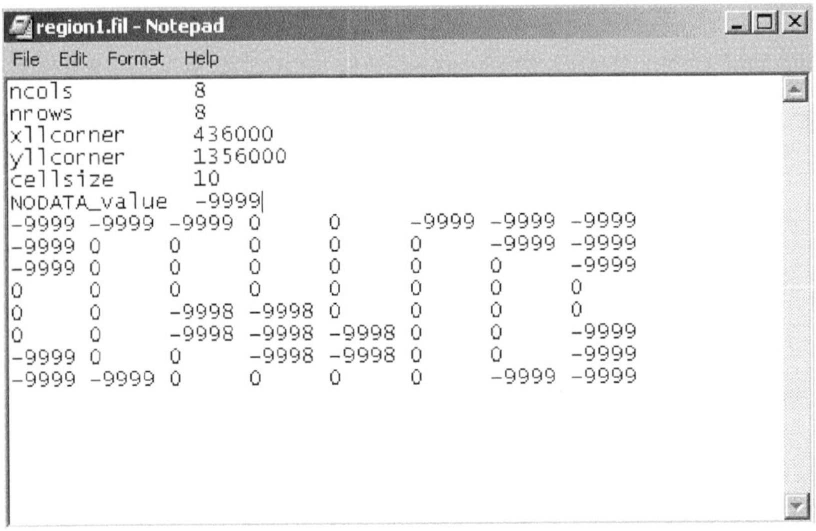

```
region1.fil - Notepad
File  Edit  Format  Help
ncols          8
nrows          8
xllcorner      436000
yllcorner      1356000
cellsize       10
NODATA_value   -9999
-9999 -9999 -9999    0      0    -9999 -9999 -9999
-9999    0      0      0      0      0    -9999 -9999
-9999    0      0      0      0      0      0    -9999
   0      0      0      0      0      0      0      0
   0      0   -9998 -9998    0      0      0      0
   0      0   -9998 -9998 -9998    0      0    -9999
-9999    0      0   -9998 -9998    0      0    -9999
-9999 -9999    0      0      0      0    -9999 -9999
```

图 4.11　区域限制文件示例

4.2.6　土地需求场景设置

土地利用需求作为特定情景的一部分，是在聚合级别（即整个案例研究的水平）上计算的。土地利用需求通过定义土地利用的总需求变化来约束模拟。所有单个像素的变化应该累加到这些需求中。在这种方法中，土地利用需求是独立于 CLUE-S 模型本身进行计算的。这些土地利用需求的计算基于一系列方法，取决于案例研究和情景。将近期土地利用变化的趋势外推到近期是计算土地利用需求的常见技术。必要时，这些趋势可以根据人口增长和土地资源减少进行修正。对于政策分析，还可以基于宏观经济变化的先进模型来确定土地利用需求。

在安装目录中，所有以 demand. in* 命名的文件都将列在选择窗口中。这些文件包含需要模拟的每一年对每种土地利用类型的需求。需求应以公顷为单位进行指定。

第一行指定了该文件中包括需求的年数，这至少应该是模拟所需的年数，之后，每一行都包含了一个年份的各个土地利用类型的需求。土地利用类型的顺序应与主参数文件中的顺序相同，文件的第二行包含了第一年的需求。注意：所有土地利用类型的总需求应等于区域文件中的总土地面积，并且对于每年来说应保持恒定。

图 4. 12 展示了一个包含 5 种土地利用类型和 15 年需求情景的仿真示例。土地利用类型 0 的需求减少，而土地利用类型 1、2 和 3 的需求增加，土地利用类型 4 的需求保持恒定。

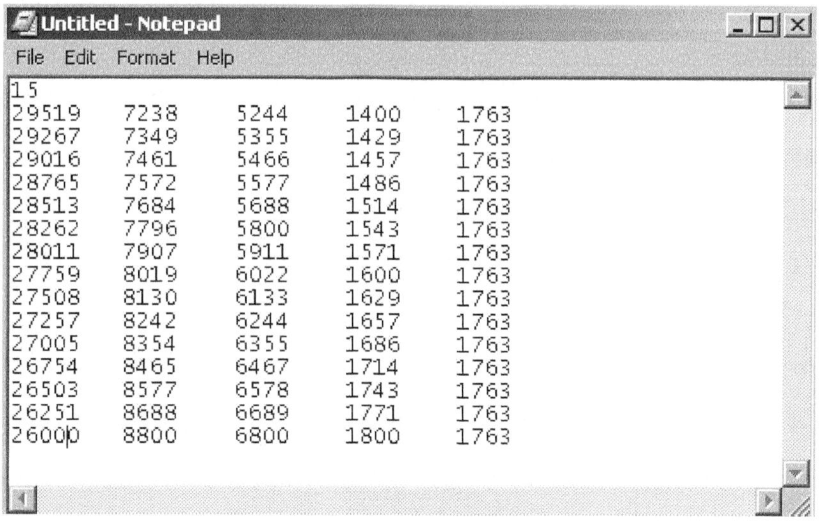


```
15
29519	7238	5244	1400	1763
29267	7349	5355	1429	1763
29016	7461	5466	1457	1763
28765	7572	5577	1486	1763
28513	7684	5688	1514	1763
28262	7796	5800	1543	1763
28011	7907	5911	1571	1763
27759	8019	6022	1600	1763
27508	8130	6133	1629	1763
27257	8242	6244	1657	1763
27005	8354	6355	1686	1763
26754	8465	6467	1714	1763
26503	8577	6578	1743	1763
26251	8688	6689	1771	1763
26000	8800	6800	1800	1763
```

图 4. 12　需求情景示例

4. 2. 7　添加特定地区的首选项

通常土地政策可能会导致人们对某个地区的某种土地利用类型的使用程度增加。例如，当为维持山区农业提供财政支持时，这些地区农业用地得到保护的概率高于未得到财政支持的地区土地。考虑到这些因素，可以在特定地区增加概率。如果使用此选项，则应在安装目录中为每种土地利用类型提供一个名为 locspec#. fil（#表示土地利用类型编号）的文档，其中包含针对每个单元格添加的首选项的地图。添加的值最好在 0～1，以适应回归结果的范围。

此外，在主要参数的配置文件 main. 1 第 19 行的开关应设置为 1，并应指定权重系数。如果开关设置为 0，则不会激活该功能并且不需要 locspec#. fil 文档。对于每种土地利用类型，都需要定义 locspec#. fil 文档。如果 locspec#. fil 仅用于一种或两种土地利用类型，则其他土地利用类型的权重因子可以简单地设置为 0。

4.2.8　多区域处理

CLUE-S 模型可以处理两个或多个对土地利用变化反应不同的区域组成的研究区。当研究区的不同部分发现不同的驱动因素或对土地利用的特定需求时，区域化是必要的。例如，将一个国家细分为具有不同自然特征的区域（沿海平原与山区）。此外，在较小的尺度上，将一个地区划分为两个或多个区域会更加符合实际。例如，一个具有两个不同群体的地区，两群体都有不同的土地使用管理政策，如对于一个群体来说，牲畜可能很重要，而对于另一群体来说，农业很重要。在这种情况下，不同的驱动因素对于土地利用分配很重要，明智的做法是为每个区域分别进行回归。当研究区涉及多国时，由于农产品的生产是基于国家需求和进出口条件，所以应当逐个国家具体说明需求。

在使用 CLUE-S 模型需要包含多个区域时，必须在模拟文档中进行一些更改。首先应创建一个区域限制文档（regi*），*代表每个区域的值（0、1、2 等）。在主参数文档（main. 1）中，第 2 行表示区域数量，第 16 行表示如何定义区域的回归和需求。改变每个区域的不同需求时，必须调整需求文档（demand. in*）。首先给出第一个区域的所有年份的需求，随后的区域以相同的格式给出。第一行的年份只需填写一次。应确保需求总和不会改变，并且第一年的需求与每个区域的初始土地利用地图（cov_all. 0）一致。当每个区域使用不同的回归时，回归结果文档（alloc1. reg 和 alloc2. reg）也必须更改：首先为第一个区域给出所有回归参数，然后以相同的格式为下一个区域给出。当同一回归使用多个需求时，需要调整主参数文档第 16 行的选项 1，而为了确保对不同区域使用相同的回归，必须通过处理区域数量的回归参数来调整 alloc1. reg 和 alloc2. reg 文件。

4.2.9 计算概率图

CLUE-S 模型具有根据逻辑回归结果计算概率图的选项，通过单击"Calculate probability maps"按钮来计算概率地图，在单击按钮之前，需要选择一个方案（需求和区域限制），这不会影响计算出的概率，而是仅针对限制区域外的网格像元进行计算。此外要确保邻域函数在 neighmat. txt 的第一行的权重设置为 0，以便仅查看位置因子的影响。

结果将会保存在名为 prob1_*. 1 的 ASCII 文档中，其中 * 表示土地利用类型编号。结果将为每个土地利用类型创建一个文档，这些文档可以通过 GIS 包（例如 ArcView 和 ArcGIS 等）导入以查看结果，导入时确保数据类型为浮点数据（非整数数据）。概率地图可以通过每种土地利用类型的概率在当前位置上的高低来验证每种土地利用类型的驱动因素的假设是否正确。

4.2.10 计算影响图

CLUE-S 模型可以选择根据邻域设置来计算影响地图。要计算影响地图，首先将 main. 1 的第 18 行设置为 2。之后，通过单击"Run CLUE-S"按钮来计算影响图。在单击按钮之前，同样需要选择一个场景（需求和区域限制）。

结果保存在名为 infl_*. 0 的 ASCⅡ 文档中，其中 * 表示土地利用类型编号。结果将为每个土地利用类型创建一个文档，这些文档可以导入 GIS 包中来查看结果。

4.3 水土资源优化配置基本流程

根据 CLUE-S 模型计算需求与具体研究的需求，通常在进行水土利用优化配置时需要进行以下工作。

1）土地利用空间驱动因子筛选及设定：CLUE-S 模型中区分了指定土地利用变化驱动因素的两种类型的文档。第一种类型的驱动因素在模拟期间保持不变（如海拔），而第二种类型的驱动因素则发生变化（例如人口）。

稳定的驱动因子由名为 sc1gr#. fil 的文档表示，其中#表示解释因子的代码。对于在模拟过程中不变的每个解释因素，如海拔，应准备一个文档。

动态驱动因子由名为 sc1gr#. * 的文档表示，其中#表示解释因子的代码，* 表示年份。

对于在模拟过程中变化的每个解释因素，如人口密度，应为要模拟的情景的每一年准备一个文档。除此之外，还需要一个名为 sc1gr#.fil 的文档，该文档与 sc1gr#.0 相同。

这两种类型的文档都应该是包含解释因子的网格值的 ASCII 文档。对于模拟区域以外的区域，应使用代码-9999。文档在像元大小上应具有与其他输入格网相同的范围和像元大小。

研究中按照一定顺序将影响土地利用空间分布和改变的一系列因子处理和转换成模型所需文件，作为输入端输入模型供运行时调用。在实际操作过程中，为了防止模型不收敛，一定要确保输入的每一个驱动因子文件的像元在数量和大小上保持完全一致。

2）空间驱动因子 Logistic 回归计算：统计分析用于揭示和量化土地利用位置与一组解释因素之间的关系。这组解释因素基于用户对导致研究区域土地利用变化的主导因素的了解。例如，海拔、人口密度和距离道路的距离可以被认为是特定研究区域森林分布的最重要的决定因素，因此这些是统计分析中的解释因素，根据某个位置的自然和社会经济条件，定义了在该位置找到不同土地利用类型的相对概率。

在研究土地利用与其影响因素之间的关系时可以用回归和相关分析方法，通过回归分析不仅可知各驱动因子对土地利用变化的贡献，而且可对未来的变化进行预测模拟。对于二值化的空间地理信息数据，对其进行回归分析时利用 Binary Logistic 回归方法更能体现土地利用与驱动因子之间的数量关系和土地利用变化的空间分布可能性，具体计算公式见式（4.3）。

SAS 或 SPSS 等统计软件包可用于根据其解释因素对土地利用进行回归。可以使用逐步回归过程从更大的位置特征集中选择相关因素，对解释土地利用格局没有显著贡献的变量被排除在最终的回归方程之外。

首先，需要创建一个包含所有土地利用类型和位置特征的表格文档，其中在单行中包含每个单元格的土地利用和位置特征，该文档可以使用 CLUE-S 附带的文档转换进程来制作。打开 SPSS 并选择"文档-读取文本数据"，选择文档并完成导入向导。列的名称由用户指定，列的顺序等于文档转换进程中指定的文档的顺序，用户可以在"变量视图"选项卡中编辑名称。

单击"Analyze-Regression-Binary logistic"执行逻辑回归分析，选择土地利用类型作为自变量，并选择可能影响该土地利用类型位置适宜性的位置因素作为因变量（图4.13）。在此示例中，森林是因变量，海拔、超镁铁质岩石和离道路的距离是自变量。接下来选择回归方法：如果将包含所有选定的变量，则选择"Enter"，或者选择其他方法，如用于逐步回归的"Forward：Conditional"。如果使用逐步回归，则可以在"Options-probability for stepwise"下指示逐步过程中输入和删除的显著性值，大数据集的默认值分别为 0.01 和 0.02。最后，应检查"Save"下的"Probabilities"选项，以保存预测概率来评估 ROC 方法的拟合优度。ROC 特征是类似于普通最小二乘回归中的 R^2 统计量的逻辑回归模型的拟合优度的度量，完全随机的模型给出的 ROC 值为 0.5，而完美拟合的结果是 ROC 值 1.0。ROC 方法通过将预测概率与整个预测概率域的观测值进行比较来评估预测概率，而不是仅评估正确分类的观测值的百分比在固定的截止值，由于模型计算中使用了广泛的概率，因此这是适用于 CLUE-S 模型的方法。

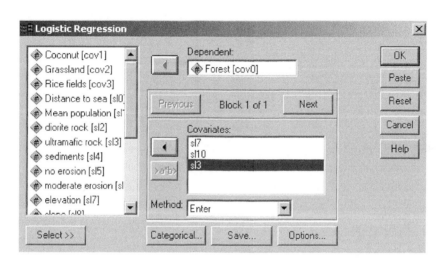

图 4.13　SPSS 中的逻辑回归窗口

3）土地利用类型转移规则设定：在进行土地利用优化配置时，在 CLUE-S 模型中需要设置未来不同情景下土地各类型间转换规则，主要通过土地利用类型转换弹性系数（ELAS）和土地利用类型转换文件两个参数来反映。其中，ELAS 一般反映一种土地利用类型转换成另一种的能力或难易程度。ELAS 参数值介于 0~1，ELAS 值越大，表明转化为其他土地利用类型的困难程度越高，该地类稳定性越高，反之则表示其稳定性越低，越容易发生转化。具体配置流程见 4.2.3 节。

4）土地利用优化配置的区域约束：空间政策和土地保有权可以影响土地利用变化的模式。空间政策和土地保有权主要表明土地利用变化通过政策或权属状况受到限制的区域。此外，空间政策意味着对某个地区的某种土地利用的特殊规定，因此在进行土地利用优化配置的区域约束时需要在 CLUE-S 模型中提供表明空间政策实施区域的模拟地图。一部分空间政策限制了特定地区内的所有的土地利用变化，如森林保护区内的禁伐，还有的空间政策限制了一系列特定的土地利用变化，如指定农业区内的住宅建设或自然保护缓冲区内的农业。受特定空间政策限制的转换可以在土地利用转换矩阵中指示：如果空间政策适用，则对于所有可能的土地利用转换需指示，具体配置过程见4.2.5节和4.2.7节。

模拟期间，对于研究区域设定不发生变化的区域或限制特定区域内的土地利用类型向其他类型转变，这时需要将其制定成为单独的约束文件输入模型，如有多个约束区域或条件，可用不同文件表示并输入模型，具体配置过程见4.2.8节。

5）土地利用数量需求计算：土地需求文件在其中起着非常关键的作用，而且土地需求文件的确定也是中比较难以确定的，需求文件是否正确设置，对于模型的运行起着至关重要的作用。CLUE-S模型中对土地利用数量需求的要求是：从预测模拟的基期开始至模拟末期，以年为单位计算出每个年份各土地利用类型的数量，将其以记事本格式输入模型，作为土地利用优化配置的数量控制端，其具体配置过程见4.2.6节。

6）主要参数设定：主要参数的设定见4.2.2节与4.4.1节。

7）其他参数补充完善：当设置并补充完善以上参数后，还需要对一些必要的参数进行补充设置和完善，包括模拟基期土地利用栅格图和土地利用变化回归方程的设置等，研究中必需设置的参数如表4.3所示。

表4.3 CLUE-S模型输入文件及说明

文件名	说明
main	编辑模型的主要设置
Cov_all.0	模拟开始年份的土地利用图
demand.in*	不同情景下的土地需求文件（*代表不同的土地利用类型）
ELAS	土地利用类型的稳定性参数。研究区域在一定的时间内转变为其他类型的土地利用的难易程度，主要是根据土地利用各类型变化的历史情况以及实际情况而设置的，ELAS值介于[0~1]，其值越大，稳定性越高。将设定好各地类的ELAS值填写在main.1.txt文件中
allow.txt	编辑土地利用转换矩阵
region*.fil	区域约束文件（*代表不同的约束文件）
Sclgr*.fil	模拟驱动力文件（土地利用变化影响因子）（*代表驱动力的序号）
alloc.reg	编辑回归方程

8）CLUE-S模型运行：当所有必需项参数均正确设定后，CLUE-S模型即可运行。通过一定次数的迭代，当土地利用的空间分配结果和需求预测的实际数量之间的差值达到一定的阈值时，模型收敛。

9）运行结果显示和制图：由于CLUE-S模型主要参数以ASCⅡ格式输入和输出，因此其结果显示也是以ASCⅡ格式保存，土地利用优化配置的结果还需要基于ArcGIS平台进行转换，才能进行优化结果的显示、制图和分析评价。

4.4 模型参数设置

4.4.1 主要参数的设置（Main. 1）

CLUE-S 模型的主要参数设定既可以使用安装目录下记事本文档编辑，也可以在模型界面直接编辑。参数的说明详情见表 4.4。

表 4.4 主要参数（Main. 1）

行序	参数说明	数据格式
1	土地利用类型个数	整型
2	研究区个数	整型
3	回归方程中驱动因子的最大个数	整型
4	驱动因子总个数	整型
5	行数	整型
6	列数	整型
7	栅格单元面积	浮点型
8	X 坐标（m）	浮点型
9	Y 坐标（m）	浮点型
10	土地利用类型序号	整型
11	土地利用类型转移弹性系数	浮点型
12	迭代变量系数	浮点型
13	模拟起始与终止年份	整型
14	动态驱动因子个数及编码	整型
15	输入/输出文件选择	整型
16	特定区域选择	整型
17	土地利用历史初值	整型

1）模拟区分的土地利用类型的数量，默认版本最多可识别 12 种不同的土地利用类型。

2）研究区个数默认为 1，默认版本中最大区域数量为 3。通常，研究区域仅包含一个区域，但对于划分为具有截然不同的土地利用类型行为的部分的研究区域，可以使用更多区域，如对于具有高地和低地区域的区域，或具有多个岛屿的区域。

3）回归方程中驱动因子的最大个数。这是具有大多数变量的回归方程的驱动因素的数量，模型最多可以处理20个变量。

4）驱动因子总个数，即每年的驱动因素文档数量，模型最多可以处理30个文档。

5）输入网格的行数。

6）输入网格的列数。

7）网格单元的单元面积，单元格面积应以公顷表示。

8）左下角的 X 坐标，ArcView 和 ArcGIS ASCⅡ文档的标题中注明了该坐标。

9）左下角的 Y 坐标，这也在 ArcView 和 ArcGIS ASCⅡ文档的标题中标明。

10）土地利用类型序号编码。第一种土地利用类型应以0开头，第二种土地利用类型应以1开头，依此类推。

11）每种土地利用类型标明土地利用类型（转移弹性系数）的允许变化和行为的代码。该值必须介于0和1之间，0表示允许对该土地利用类型进行所有更改，与某个位置的当前土地利用无关，这意味着某种土地利用类型可以在一个地方被移除，同时在另一个地方分配，如轮作耕作。小于1大于0表示允许更改，但是，该值越高，对已属于此土地利用类型的位置的优先权就越高。此设置适用于转换成本较高的土地利用类型。1表示永远不能同时添加和移除具有一种土地利用类型的格网像元，这与难以转换的土地利用类型有关，如城市居住区和原始森林。

12）迭代变量系数：应指定三个代码。

迭代模式：0表示收敛标准表示为需求的百分比；1意味着收敛标准表示为绝对值（需求单位，即公顷）。

第一个收敛标准：需求变化与实际分配变化之间的平均偏差（默认值为0.35%；对于绝对迭代模式，至少为像元面积除以土地利用类型数）。

第二个收敛标准：需求变更与实际分配变更之间的最大偏差（默认值为3%，百分比应至少等于分配面积与需求量最小的土地利用类型之间的1个单元格差）。

13）模拟的开始年份和结束年份。

14）动态驱动因素的数量和编码，如人口密度。这个数字后面应该有这些解释因素的编码，例如2 9 11。这意味着有2个动态驱动因素：驱动因素9和11是动态的，并且应当存在每年的输入文档。

15）输出文档类型的选择。

16）特定区域回归的选择：0代表不同区域没有不同的回归；1代表不同区域有不同的回归，每个区域的需求将具体定义；2代表不同区域的不同回归，所有区域的需求汇总默认值为0。

17) 当考虑到时间动态时，有必要了解土地利用历史。这通常是未知的，必须分配一个随机数。可以在三个选项之间进行选择："0"将从文档 age.0 中读取初始土地利用历史记录，该文档应包含一个网格，对于每个像素，该像素用于当前土地利用类型的年数。"1"将向所有像素分配一个随机数，以表示根据标准种子在该位置已找到当前土地利用的年数。随机数生成器。使用此选项时，两次游程将产生相同的随机数，这对于比较很有用。"2"将随机数分配给所有像素，以表示在该位置已使用不同的随机数生成器找到当前土地利用的年数。连续两次运行将从不同的土地利用历史开始。对于选项"1"或"2"，应添加一个额外的数字，表示随机化器可以生成的最大年数。

4.4.2　土地利用类型 ASCⅡ 文件设定（Cov_all.0）

在模拟开始之前，必须指出初始土地利用类型。名为 cov_all.0 的 ASCⅡ 文档应包含格网值，这些格网值指示模拟开始时（第0年）每个格网像元的主要土地利用类型。格网值应包含土地利用类型的代码，如主参数文档（第10行）或模拟区域以外的区域（如海洋或湖泊）所示的-9999。该文档的像元大小应与其他输入格网具有相同的范围和像元大小。土地利用类型文件通过 ArcGIS10.4 设定，首先将模拟的初始年份研究区土地利用现状图中的耕地、林地、草地、水域、建设用地等土地利用类型的属性值依次设置为0、1、2、3、4等，再转为一定分辨率的栅格文件。然后利用 ArcGIS10.4 软件的 Conversion Tools/Raster to ASCⅡ 功能将其转换为 ASCⅡ 格式，将其输入 CLUE-S 模型中。

4.4.3　土地利用需求文件设置（Demand.in＊）

土地需求文件在模型中起着非常关键的作用，而且土地需求文件的确定也是模型中比较难以确定的。土地需求文件是否正确设置，对于模型的运行起着至关重要的作用。具体设置流程见 4.2.6 节。

4.4.4　allow.txt 设定

优化配置期不同土地利用类型之间的转化规则时，在模型中将其命名为 allow.txt 文件，并将文件拷贝到 CLUE-S 软件的安装目录下即可，具体配置过程见 4.2.3 转换矩阵的编辑一节。其他文件，如 alloc.reg 和驱动因子 Sclgr＊.fil 等的设置前文已经做了说明。

4.5 模型运行

所有输出文档都保存在安装 Dyna-CLUE 模型的同一目录中，除了日志文档之外，在模拟过程中还会创建另外两种类型的文档。一个是每年创建一个文档 cov_all.*，其中 * 代表模拟年份。它包含当年模拟后得到的土地利用类型分布，这是一个 ASC Ⅱ 文档，可通过 GIS 工具（ArcView、ArcGis、Idrisi）导入。另一个文档为 age.*，其中 * 代表模拟年份。此文档指示每个格网像元在该位置发生最后一次土地利用变化后的时间步长数。在模拟开始时，可以随机设置土地利用历史记录，也可以在文档 age.0 中指定。在主参数文档（第 17 行）中，可以在这些选项之间进行选择。此外，此文档也是可以通过 GIS 工具（ArcView、ArcGis、Idrisi）导入的 ASC Ⅱ 文档。

可以使用 GIS 工具（如 ArcGIS）查看模拟的土地利用分布。首先，必须使用 ArcToolbox 将 ASC Ⅱ 文档转换为格网。ASC Ⅱ 文档 cov_all.* 应具有 ArcView 标头，当主参数（第 15 行）中指示此标头时，可以直接导入该文档。打开 ArcToolbox 并选择"转换工具–导入栅格-ASC Ⅱ 转格网"选择输入 ASC Ⅱ 文档（cov_all.*），使用网格类型并为输出的网格命名。使用 ArcMap 可以查看和分析栅格。还需注意的是，ArcGIS 仅读取扩展名为 .asc 或 .txt 的输出文档。因此，需要手动添加扩展模块或在 ArcGIS 模式下运行模型（main.1 文档，第 15 行，选项 3）。

完成水土资源优化配置基本流程并将 4.4 节中的各参数设置好之后就可以运行 CLUE-S 模型，以 X 年土地利用现状图作为初始结果，模拟 $X+5$ 年土地利用空间分布结果，并与 $X+5$ 年的实际相比较，从而判定模拟精度是否达到要求。在此基础上以 $X+5$ 年为目标年份，分别模拟 $X+10$ 年、$X+15$ 年和 $X+20$ 年不同情景下的土地利用空间配置结果。在该模型中结果显示的格式为 ASC Ⅱ，最终借助 ArcGIS10.4 软件将其转换为栅格格式，并对不同土地利用类型进行设色，最后制图输出。

基于 MCR 模型的河西走廊绿洲区水土资源空间优化策略

5.1 MCR 模型基本理论

最小累积阻力（MCR）模型是一种多学科交叉的复杂系统分析工具，它在多个领域展现出了其独特的价值和应用潜力。这种模型的核心思想是，无论是动物迁徙、城市规划还是交通流动，运动物体或个体在进行空间移动时，都会倾向于选择一条它在其移动过程中所受到的累积阻力最小化的路径。

在自然界中，动物在迁徙时会面临多种障碍，如山脉、河流或人为建筑等，这些障碍增加了它们迁徙的难度。在城市规划中，交通流量的分布受到道路网络、交通信号和行人流量等因素的影响。而在交通流动中，车辆在行驶过程中会受到道路条件、交通拥堵和天气状况等阻力的影响。MCR 模型正是为了量化这些阻力，并帮助我们理解和预测个体或物体在这些环境中的最优移动路径。

MCR 模型的数学表述通常涉及构建一个阻力函数，该函数综合考虑了路径上的各种阻力因素，如路径长度、地形起伏、道路材质等。通过对这个函数进行优化，可以找到一条累积阻力最小的路径，即最优路径。这个过程可以通过多种优化算法实现，包括但不限于线性规划、动态规划、遗传算法等。

MCR 模型的应用不仅限于寻找最优路径，它还能够在更宏观的层面上提供决策支持。例如，在生态学研究中，MCR 模型可以帮助科学家们理解物种如何在不同生态环境间移动，从而为生物多样性保护提供科学依据。在城市规划领域，MCR 模型可以用于分析城市扩张的潜在路径，优化城市布局，减少交通拥堵，提高居民生活质量。此外，在交通工程中，MCR 模型可以用于设计更加高效的交通网络，减少交通事故，提高道路使用效率。

MCR 模型的一个显著特点是其对源、阻力和距离三个关键因素的综合考虑。它不仅关注个体从一个点到另一个点的直接移动，而且还考虑了节点之间的连接关系，以及这些连接如何影响整体的累积阻力。通过这种方式，MCR 模型能够识别出那些具有强关联性的节点或区域，并将它们划分到同一分区中，从而形成更加合理和有意义的分区结果。

在西北干旱内陆河流域，随着全球气候变化和区域环境变迁，生态已经十分脆弱，加之近几十年城镇化速度加快，人类活动对内陆河流域生态环境的影响也较为明显。在当前大背景下，生态恢复和生态保护已成为土地利用优化配置要考虑的重点内容之一，而在当前土地利用优化配置的各类模型中重点考虑了土地现状分布、土地利用演变和土地利用变化机制及驱动力等。而从生态学的角度，通过掌握土地利用景观单元的生态学意义，如土地景观变化的方向、阻力、路径等，从而探究土地利用变化引起的景观流、物质流和信息流的变化，是进行土地利用变化和空间优化配置的全新视角。

累积耗费理论可以用来揭示系统从无序到有序的条件和机制，可以从一定程度上解释复合生态系统如何形成其稳定的层次结构，如何从无序到有序发展，从而有利于指导控制和优化系统的发展。为揭示景观格局与生态过程和功能的关系，Knaapen 等于 20 世纪 90 年代提出了用最小累积阻力模型作为景观格局优化的依据，最小累积阻力是指从源到目的地经过不同阻力的景观单元所耗费的最小费用或克服阻力所做最少功。

构建累积阻力模型时要根据景观功能和景观类型变化，考虑与其相关的驱动性因子、限制性因子的空间分布，以及景观功能随距离衰减和能量损耗的空间特征。需要考虑的核心因素有生态源地和耗费距离表面，它反映了各种生态功能运行的空间趋势。实现累积耗费模型的生态学意义在于：从格局和过程出发，将常规意义上的景观赋予一定的过程含义，通过对景观流的空间运行分析，来探讨有利于调控生态过程的途径和方法，使得生态系统健康、稳定和安全。以最小累积阻力模型模拟和分析生态流的空间运行机制，能够通过阻力反映景观生态功能之间的联系和变化，是表现下垫面对景观生态流影响的有效形式。本书在模拟计算土地利用优化配置的三个模拟情景中，生态安全情景只从生态安全格局的土地类型、数量和空间分布上进行了配置，从生态保护的视角来看，应该对土地利用景观单元内在的空间分布也做空间优化配置。根据景观单元对景观迁移的影响，将景观单元按阻力进行分级，并为各景观单元分配相应的阻力参数，形成景观阻力表面。因此，基于景观生态安全格局的空间优化可利用最小累积阻力模型来模拟和计算。该模型的运行过程主要包括生态源地的确定、阻力表面的构建和累积耗费最小成本距离的计算等过程（图 5.1）。

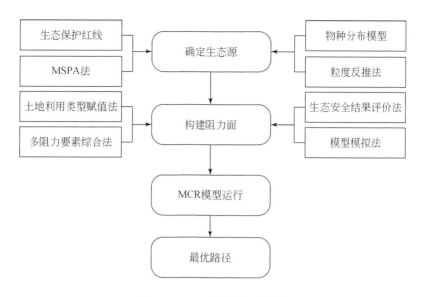

图 5.1 MCR 模型运行过程

5.1.1 最小累积阻力模型介绍

最小累积阻力模型（MCR）可构建起始源地与目标源地间最短路径，反映物质在生态源地间流动所需克服最少阻力的成本距离。在自然界中，物种在不同景观单元之间的迁移是一个复杂的过程，它们会受到地形、植被、水域等多种自然因素的阻碍。MCR 模型通过量化这些阻力因素，帮助我们理解物种如何在不同生境间有效迁移，从而为生物多样性保护和生态恢复提供科学依据。MCR 模型能够将生态源地与目标源地之间的空间关系转化为数学模型。因此，为反映"生态源"和土地利用资源的空间运行态势，借助 GIS 中的表面扩散技术可以模拟物质在空间中的扩散过程，构建最小累积阻力模型来表达土地利用资源的空间跨越特点，而 MCR 模型则在此基础上进一步考虑了阻力因素。这种模型不是简单地计算空间土地利用资源类型各单元之间的实际累积距离，而是更加强调资源阻力在一定空间距离上的累积效应。该模型主要考虑目标源、距离、生态源运行时的空间单元阻力及土地利用景观类型等因子，其模型表达如下：

$$C_L = \min(D_k \times R_k) \quad (i=1,2,\cdots,m; k=1,2,\cdots,n) \tag{5.1}$$

式中，C_L 为第 L 个单元到源地的最小耗费；n 为土地利用资源基本单元的总个数；m 为目标源地到第 L 个单元所经过单元的个数；D_k 为第 k 个单元与目标源地的空间距离；R_k 为第 k 个单元的阻力值。

该模型中需要确定不同土地利用经过各个空间单元的阻力R_k，本研究参考相关研究成果建立如下不同单元的阻力表面模型：

$$R_k = \sum_{i=1}^{n}(W_i Y_{ij})(i=1,2,\cdots,n;j=1,2,\cdots,m) \tag{5.2}$$

式中，R_k 为第 k 类资源单元的累积阻力；W_i 为指标的权重；Y_{ij} 为第 i 类单元由指标 j 确定的相对阻力。具体实现时，可借助 ArcGIS10.4 来实现。根据石羊河流域土地利用特征，选取土地利用资源和生态安全格局密切相关的景观单元，利用累积阻力模型进行计算，结果以栅格结构进行显示，其结果在 ArcGIS 中输出，并作为土地利用资源最小累积阻力模型的阻力表面。

最小累积阻力模型指物种在从源到目的地运动过程中所需耗费代价的模型，它最早由 Knaapen 于 1992 年提出，经国内俞孔坚等修改，可用式（5.3）表示：

$$MCR = f_{min}\sum_{j=n}^{i=m} D_{ij} \times R_i \tag{5.3}$$

式中，MCR 为物种从源到空间终点的 MCR 值；f_{min} 表示 MCR 与生态过程正相关；D_{ij} 表示物种从源 j 到景观单元 i 的空间距离；R_i 表示单元 i 向源 j 扩散过程中产生的成本值。

最小累积阻力值反映了物种运动的潜在可能性及趋势，通过单元最小累积阻力的大小可判断该单元与源单元的"连通性"和"相似性"。通常，源斑块对于生态过程是最适宜的，因此通过"连通性"和"相似性"的横向比对，就可划分出土地的生态适宜性。最小累积阻力模型虽起源于物种扩散过程的研究，但并不局限于特定的具体的生态过程，近些年来该模型已经应用到了模拟城市土地演变过程。例如，陈燕飞和杜鹏飞（2007）运用该模型模拟了南宁城镇用地扩张，彭福晋（2000）应用该模型分别模拟了城镇用地和生态保护用地的扩张趋势。因此，如果将城市土地的景观动态模拟为从"源"到"汇"克服阻力做功的水平过程，就可运用该模型进行生态适宜性评价。

5.1.2 累积耗费距离计算及其栅格表达

耗费距离值是指空间上任一指定景观单元到景观源地单元的耗费距离。而累积耗费距离就是该景观单元与生态源地栅格之间某一路径上所有景观单元耗费距离的总和。能够连通此景观单元与景观源地单元之间的路径并非唯一，但一定存在所有阻力累加值最小的一条路径，这条路径被称为最小累积耗费距离路径，对应此路径上所有阻力的和被称为最小累积耗费距离。构建累积耗费距离模型时要根据景观功能和景观类型变化，考虑与其相关的驱动性因子、限制性因子的空间分布，以及景观功能随距离衰减和能量损耗的空间特征。累积耗费距离模型可以采用图论中的节点/链接方式表示。本书研究中，利用网格图解法分析资源类型空间格局的性质，用节点/链（node/link）的像元表示法来表示某一代价表面，如图 5.2 基于节点/链的像元表示方法可以计算通过某一代价表面到最近源的累积耗费距离，在这种节点/链的像元模式下，以节点值表示景观单元耗费距离，节点方向表示生态流运行方向。因此，以链表示的耗费距离之和，要综合考虑单个节点耗费距离和节点方向。计算公式如下：

$$D_{k1} = \frac{1}{2} \sum_{i=1}^{n} (C_i + C_{i+1}) \tag{5.4}$$

$$D_{k2} = \frac{\sqrt{2}}{2} \sum_{i=1}^{n} (C_i + C_{i+1}) \tag{5.5}$$

式中，C_i 为第 i 个像元的耗费值；C_{i+1} 指沿运动方向上第 $i+1$ 个像元的耗费值；n 为像元总数；D_k 为通过某一代价表面到源的累积耗费距离。过某一代价表面沿像元的垂直或者水平方向运动时采用式（5.4）；当通过某一代价表面沿像元的对角线方向运动时采用式（5.5）。

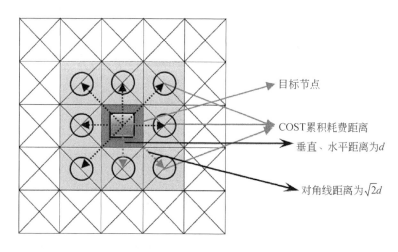

图 5.2　节点/链（Node/Link）的耗费距离像元表示方法

在确定过程源到目标单元之间或各生态廊道之间的最小耗费路径时，以最小耗费距离为基础，以返回链（back link）作为路径标识，使其沿着返回链从目标单元经由耗费距离表面回撤至源点。如果有多个景观单元或不同景观区域，最小耗费路径则返回各景观单元之间或各不同景观区之间的路径值。如果最小耗费路径单一，则直接赋予特定的值，如图 5.3（d）中赋值为 2，起始检测源赋值为 1；如果有 2 条或多条景观单元耗费路径，且拥有某段共同路径，则赋予共同路径某一特定值，根据赋值依次求出所有景观单元到源地的累积耗费路径，如图 5.3 按区域的成本路径示例所示。

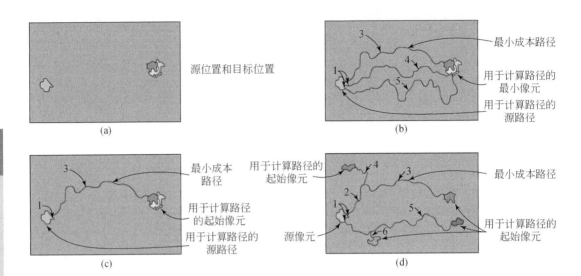

图 5.3　最小累积阻力耗费路径计算示意图

进行累积耗费距离计算时，要计算从空间任一点到源（土地景观类型）所穿越的空间单元面的最小距离，最后所得到的累积值是空间中任一点到源的距离相对可达性的度量，其中到该源的空间最小阻力值被认为是可达性值。在 GIS 平台上，最小累积耗费距离利用栅格图表达时可通过如下示例来说明其计算过程，其中可以计算出从空间 c 点到源 a 的成本距离即阻力值。

从图 5.4 中可以计算出从空 c 点到源 a 的成本距离即阻力值，分别用 D_{cba}、D_{ca} 和 D_{cda} 表示三条路径的成本距离：

$$D_{cba}=\frac{(5+4)}{2}+\frac{(4+1)}{2}+\frac{(1+5)}{2}+\frac{(5+4)}{2}+\frac{(4+1)}{2}+\frac{(1+2)}{2}+\frac{(2+3)}{2}+\frac{(3+1)}{2}=23$$

$$D_{ca}=\frac{(5+3)\sqrt{2}}{2}+\frac{(3+8)\sqrt{2}}{2}+\frac{(8+5)\sqrt{2}}{2}+\frac{(5+1)\sqrt{2}}{2}=19\sqrt{2}$$

$$D_{cda}=\frac{(5+8)}{2}+\frac{(8+5)}{2}+\frac{(5+3)}{2}+\frac{(3+4)}{2}+\frac{(4+2)}{2}+\frac{(2+1)}{2}+\frac{(1+2)}{2}+\frac{(2+1)}{2}=28$$

从上面的结果可以看出 $D_{cba}<D_{ca}<D_{cda}$，因此 D_{cba} 是一个相对的最小累积成本值。

在现实环境当中，一个区域中的源地往往不是单一或稀疏的，而是复杂多样的。成本连通性可构成最低成本路径的优化网络，而不是创建连接各个区域的独立路径，在生成的网络中，资源可以使用路径从一个区域移动到其他任何区域（可能会途经其他区域）。成本连通性是指在两个或多个输入区域之间生成成本最低的连通性网络的过程。这通常涉及对区域间移动或传输的成本进行量化，并找出使得总成本最小的路径或网络，即首先将区域和生成的路径转换为图形。在转换中，区域为折点，路径为边，路径

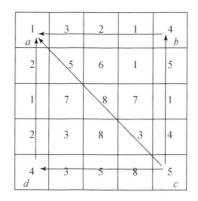

图 5.4 空间耗费距离计算示意图

的累积成本为边的权重。

从概念上讲,可通过图 5.5 表示区域和路径到图论的转换。带有编号的圆圈为折点(区域),折点间的连接线为边(最低成本路径),边的权重为路径的累积成本。在图示中,成本越高,折线越粗。

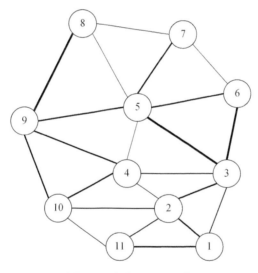

图 5.5 成本连通性网络

5.2 最小累积阻力模型假设与生态适宜性分区模型构建

5.2.1 最小累积阻力模型应用条件假设

MCR 模型的核心在于通过生态过程进行景观格局优化调整,因此可将此思想应用于土地利用格局优化中，使其具有最高生态安全格局特征。模型在使用时重点考虑基于生态安全格局的土地利用优化配置，因此需给出以下假设。

1）本书根据 MCR 的特点和功能将研究区土地利用的优化划分为适宜生态的用地和适宜生活的用地两大类，其中适宜的生态用地作为生态保护用地，而适宜生活的用地作为最适宜的建设用地。

2）同一单元阻碍和推进作用的大小的比较，可通过相同标准下两个过程的最小累积阻力值大小的比较。最小累积阻力值越小，表明在生态优化时越容易实现，因此应当划分为阻力值小的一类用地。

3）计算生态用地和生活用地时，为定量计算不同生态源的最小累积阻力，其阻力表面值通常取值为 0～5，该值是一个相对值，高值代表对生态源或扩张源的阻力更高，反之更低。

5.2.2 适宜性分区模型构建

近年来，专家学者针对城市土地生态适宜性评价展开了大量研究，研究方法可归纳为地图叠加法和逻辑规则组合法两种。地图叠加法是一种通过加权叠加将单因素适宜度值整合为适宜度综合值，并通过情景分析等手段进行等级划分的方法。例如，陈松林等（2002）通过坡度、海拔、温度、土壤有机质含量、土壤质地、pH 几个要素的加权叠加对福州市晋安区进行了适宜性分区。逻辑规则组合法是依靠评价因子之间的逻辑组合来划分适宜度的方法。例如，陈雯等（2012）基于土地的生态保护价值和经济开发价值之间逻辑组合，刘毅等（2007）基于生态功能分区和建设适宜性之间逻辑组合，将城市土地划分为禁止、限制、重点、优化 4 个开发区。地图叠加法中因子权重的确定和逻辑规则组合法中的逻辑规则制定都存在人为主观性较强的问题，这些方法在保证评价结果客观性方面具有一定的难度；而且这两种方法只强调土地景观单元的垂直过程，即将景观单元生态因子叠加起来，只不过前者是数学叠加，后者是逻辑叠加，它们都忽略了景观水平过程。在强调评价结果客观性和景观水平过程的趋势下，有必要探究一种新的城市土地生态适宜性评价方法，这已成为景观生态学未来发展和完善的一个方向。

本书将土地的用途划分为两大类，通过计算生态用地和生活用地最小累积阻力值可建立生态、生活适宜性分区，该分区模型的建立可通过示意图来说明，如图 5.6 所示。图中 A 表示生活用地斑块源，B 表示生态用地扩张斑块源，E 表示生活用地累积阻力扩张曲线，F 表示生态用地累积阻力扩张曲线，C 表示两个过程最小累积阻力相等的像素单元。在 AC

之间，生态保护用地扩张最小累积阻力大于城镇用地扩张最小累积阻力，表示这区间的斑块相对更“靠近”生活用地扩张源，因此应作为生活用地适宜区；反之，BC 之间斑块应作为生态用地适宜区。

基于上述分析，本书建立了以两个景观过程最小累积阻力差值为基础的城市土地生态适宜性评价方法，用式（5.6）表示：

$$MCR_{差值} = MCR_{生态用地} - MCR_{生活用地} \tag{5.6}$$

当被评价单元的 MCR 差值<0 时，将其划分为适宜生态用地；MCR 差值>0 时，将其划分为适宜生活用地；当 MCR 差值 = 0 时，将其划分为生活用地和生态用地之间的过渡区。

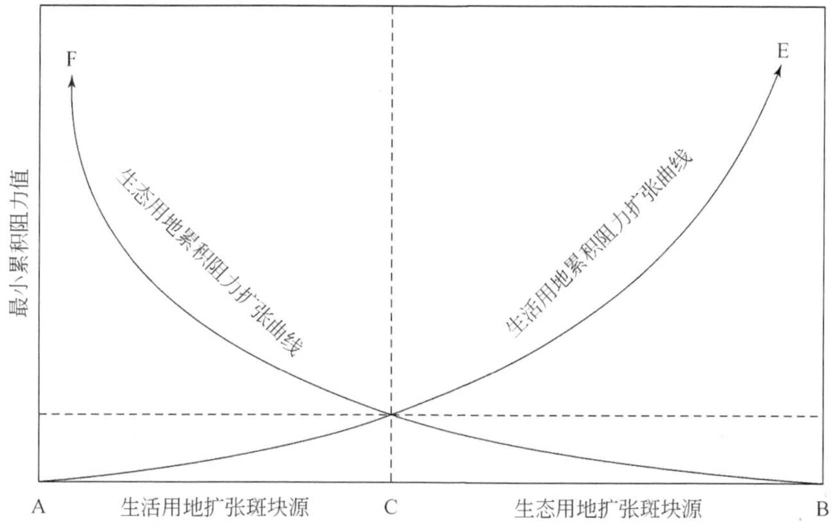

图 5.6　生活用地和生态用地适宜性分区

5.3　目标源的确定

按照景观生态学的观点，景观中存在的对景观过程和景观格局起关键作用的景观单元和组成成为过程源，目标源主要包括两个方面：对生态安全格局起关键作用的景观要素，如较大面积的林地、水域等景观组分，这些景观组分被称为“生态源地”；对城乡建设和未来不断发展扩大的起关键作用的生活用地，这些景观组分被称为“扩张源”。在生态过程中，生态源与扩张源统称为目标源。它是指那些具有明确目标和功能导向的景观单元或组成部分，它们对于实现景观的整体目标、维护生态平衡和促进人类活动等方面起着关键作用。

5.3.1　生态源的确定

生态源地是指现存的乡土物种栖息地以及扩散和维持的元点，是对区域生态过程和功能起决定性作用，并且对区域生态安全具有重要意义或者担负重要辐射功能的生境斑块，这些斑块是确保区域生态安全的关键地块。确定生态源地的最根本目的在于满足人类的各项需求，因此，多是从生态系统服务角度，由各种生态系统结构、过程和功能直接或间接得到的生命支持产品与服务价值作为生态源地的筛选标准。"生态源"构成高安全水平的生态用地，是保障自然生态系统的最小土地底线，原则上任何城市扩张行为不得侵占这类生态用地。常见的识别生态源地方法有生态系统服务和权衡的综合评估模型（Integrated Valuation of Ecosystem Services and Tradeoffs，InVEST）模型、形态学空间格局分析（Morphological Spatial Pattern Analysis，MSPA）方法、粒度反推法等。

生态源地在生态安全格局构建与水土资源优化配置中具有不可替代的作用。生态源地作为区域生态安全的关键地块，其存在与否直接关系到生态系统的健康和稳定。只有保护生态源地能够维持生态系统的物质流通和能量循环，才能确保生态系统的正常运作。生态源地往往具有较高的生态服务价值，如提供清洁水源、调节气候、保持水土等。保护生态源地能够提升这些服务功能，为人类社会带来更大的福祉。生态源地作为物种的栖息地，其保护对于生物多样性保护具有重要意义，通过保护生态源地，可以维护物种的多样性和生态系统的复杂性。生态安全格局的构建需要综合考虑生态源地的分布和保护需求，从而优化国土空间的开发保护格局。这有助于控制城市建成区的无序扩张，实现经济、社会和生态的协调发展；在面对气候变化、生物入侵等生态风险和挑战时，生态源地能够作为重要的生态屏障和缓冲带，减轻这些风险对区域生态系统的影响。

5.3.2　扩张源的确定

生态扩张源是指在生态系统中推动和促进生物多样性与生态系统功能的增加及扩展的过程，主要包括栖息地恢复和保护、物种保护和引入、生态连通和走廊建设、生态工程和再自然化、可持续土地利用等方式。常见的确定生态扩张源的方法有通过对目标地区的生态系统进行评估，包括物种组成、生境质量、生态过程等方面的调查和数据收集，了解当前生态系统的状态和问题；利用生物多样性信息、分布模型和生态学原理，确定生物多样性优先区域，即对保护和恢复生物多样性具有重要意义的区域；评估生态系统的功能和服务，如水源涵养、土壤保持、碳储存、气候调节等，确定需要增强的生态系统功能；分析目标地区的生态扩张潜力，包括可用的土地资源、生态连接性、物种适应性等因素，确定生态扩张的可行性和优先级；基于评估和分析的结果，制定生态扩张的规划设计，包括确定目标区域、设定保护目标、制定管理措施等，并考虑与其他土地利用方式的协调；根据规划设计，制定相应的政策、法规和管理措施，确保生态扩张源的实施和监测，并促进相关利益相关者的参与和合作；建立监测体系，跟踪生态扩张源的实施效果和生态系统的变化，进行定期的评估和调整，以保证生态扩张的可持续性和有效性。

扩张源地有助于增强不同生态斑块之间的连通性，促进物种的迁徙和基因交流，维护生物多样性和生态系统的稳定性；扩张源地能够扩大生态源地的范围和面积，从而提升其生态服务功能，如水源涵养、气候调节、空气净化等，为人类社会提供更多的生态福祉；扩张源地可以增强生态系统的抗干扰能力和恢复力，使其在面对气候变化、生物入侵等生态风险和挑战时更具韧性；通过扩张源地，可以进一步优化国土空间的开发保护格局，实现经济、社会和生态的协调发展。这有助于控制城市建成区的无序扩张，保护生态用地，维护区域生态安全。扩张源地是构建绿色生态网络、推动绿色发展的重要举措，通过加强生态源地的保护和扩张，可以促进绿色产业的发展和生态环境的持续改善。另外，扩张源地的过程应遵循科学规划、合理布局的原则，确保生态源地的扩张不会对其他生态系统和人类社会造成负面影响。同时，应加强监管和评估工作，确保扩张源地的效果符合预期目标。

5.4 阻力表面的构建

阻力表面的构建可以使用 Cost Distance 工具来计算，该工具可用于确定目标点与源点之间的最小成本路径。除了需要指定目标外，Cost Distance 工具还需要用到通过成本距离工具得出的两个栅格：最小成本距离栅格和回溯链接栅格。这些栅格可通过成本距离工具或路径距离工具生成。回溯链接栅格可用于在成本距离表面上从目标沿最小成本路径回溯到源。

5.4.1 生态源的阻力表面

环境阻力，作为妨碍生物潜能实现的环境因子总和，体现了种群实际增长与其内禀增长率之间的差距（图5.7）。而生态阻力，则指的是环境系统抵御外来干扰、维护生态平衡的能力。在生物多样性面临挑战的当下，生态阻力显得尤为重要，它不仅是物种存续的屏障，也是地球环境可持续性的关键。通过生态阻力的作用，生态系统能够保持其复杂性和稳定性，对抗外界压力，从而维护整个生态系统的健康与繁荣。生态源的阻力表面原理是基于大气污染的"源""汇"理论，通过最小累积阻力模型（MCR）来构建生态阻力面，以定量描述物种从源地到目的地的运动过程中所耗费的最小能量或费用之和。这一原理旨在分析生态系统中的景观类型如何影响物种的迁移和扩散，特别是如何通过不同的景观类型（如"源"景观和"汇"景观）来促进或延缓物种的运动过程。

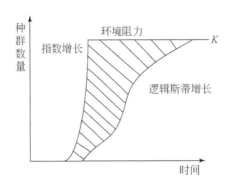

图 5.7　生态环境阻力

生态阻力面是对现实环境中物种迁移难易程度进行模拟的模拟面，生态阻力面在生态安全格局构建中占有重要的地位。大多数研究中阻力面的构建是依据土地利用类型直接赋值，导致不同地类的内部微观生态流动难以表现出来；也有部分学者利用夜间灯光数据、不透水表面对基本生态阻力面进行修订。

将生态源地作为输入要素，综合阻力面作为成本栅格，计算得到的栅格就是建设用地适宜性分区结果，然后根据需求自己定义分区。该计算过程的核心原理就是将生态源地作为起点，将各种因子构建的阻力面作为扩张成本，然后来计算节点分区。生态用地和生活用地从生态过程来看，可视为对生态重要性的一种竞争关系，这种竞争需要克服一定的生态阻力，不同的自然环境、人文环境、土地利用类型和下垫面决定了二者具有不同的生态阻力，在生态用地和生活用地二者相互转化时所克服的阻力有所不同，为使两个过程在同一个标准下进行比较，需建立相同的阻力评价体系，不同的是分值的赋予应该是相反的。

生态阻力面通过模拟不同区域的阻力系数，可以直观地展示物种在不同环境中的迁移难度。这有助于了解物种的潜在分布范围以及它们对不同环境变化的响应；在生态安全格局构建中，生态阻力面是确定关键生态区域和生态廊道的重要依据。通过识别高阻力区域和低阻力区域，可以优化生态廊道的布局，提高生态系统的连通性和稳定性；生态阻力面的分析可以帮助识别出需要重点保护和修复的生态区域。对于高阻力区域，可能需要采取额外的措施来降低其阻力值，以促进物种的迁移和能量的流动；在城市规划、土地利用规划和环境保护等领域，生态阻力面可以作为重要的参考依据。通过考虑生态阻力面的分布特征，可以制定出更加科学合理的规划和管理方案，以实现经济发展与生态保护的双赢；生态廊道的设立和优化是基于生态阻力面的分析结果进行的，通过构建生态廊道，可以加强不同生态区域之间的联系，促进物种的交流和基因流动，从而保护生物多样性。

5.4.2　生活扩张源阻力表面

生活扩张源阻力表面基于一系列生态要素和过程的表征来构建。这些要素可能包括地形地貌、植被覆盖、水体分布、土壤类型、生物多样性等，它们共同决定了某一区域对人类活动扩张的阻力大小。不同的生态要素被赋予不同的阻力系数，以反映它们对人类活动扩张的阻碍程度。例如，自然保护区、湿地、水源地等生态敏感区域往往被赋予较高的阻力系数，以限制或禁止在这些区域进行人类活动扩张。生活用地阻力表面评价指标包括固有属性和外在生态属性两类，其中固有属性包括地形、景观类型和土壤类型三部分；外在属性用归一化植被指数（NDVI）和空间各像元距离水体像元的距离为基准的分类矩阵法来表征。

生活扩张源阻力表面为城市规划者和决策者提供了重要的参考依据。通过了解不同区域的生态阻力和限制因素，可以制定出更加科学合理的城市规划和土地利用方案，以实现经济发展与生态保护的平衡。通过构建生活扩张源阻力表面，可以明确这些区域的范围和特征，为生态保护与修复工作提供有针对性的指导；在生态安全格局构建中，生活扩张源阻力表面有助于识别关键生态区域和生态廊道。通过优化这些区域和廊道的布局和管理，可以提高生态系统的连通性和稳定性，从而增强整个区域的生态安全。随着城市化进程的加速和人类活动的不断扩张，生态风险和挑战日益增多。生活扩张源阻力表面可以帮助我们识别潜在的生态风险区域和因素，为制定应对措施和预案提供科学依据。通过科学合理地构建和应用这一阻力面，我们可以更好地实现经济发展与生态保护的和谐共生。

5.5　累积耗费距离模型的实现

5.5.1　最小累积阻力的计算

运用 ArcGIS 中的 Cost-Distance 模型分别计算两个过程的最小累积阻力表面值，并用生态保护用地最小累积阻力减去城镇用地最小累积阻力，得到两种阻力的差值表面，利用差值变化情况将其进行重分类，得到基于生态过程的土地利用优化分区结果。计算方法如下：

1）输入源数据可以是要素类或栅格。

2）当输入源数据是栅格时，源像元集包括具有有效值的源栅格中的所有像元。具有 NoData 值的像元不包括在源集内，值 0 将被视为合法的源，可使用提取工具创建源栅格。

3）当输入源数据是要素类时，源位置在执行分析之前从内部转换为栅格。栅格的分辨率可以由像元大小环境来控制。默认情况下，分辨率将会设置为输入成本栅格的分辨率。

4）当输入源数据为要素数据时，如果输出像元大小相对于输入中的详细信息较为粗略，则必须注意输出像元大小的处理方式。内部栅格化过程将使用与要素转栅格工具相同的默认像元分配类型方法，即像元中心法。这意味着，不在像元中心的数据将不会包含在中间栅格化源输出中，因此也不会在距离计算中表示出来。例如，如果现有的"源"是一系列相对于输出像元大小偏小的面，如建筑物覆盖区，则可能只有一部分面会落入输出栅格像元的中心，从而导致分析中会缺少其他大部分面。

5）当源输入是要素时，默认情况下，将使用第一个有效可用字段。如果不存在有效字段，则将使用 Object ID 字段（例如，OID 或 FID，取决于要素输入的类型）。

6）在输入成本栅格数据中含有 NoData 的像元位置充当成本面工具中的障碍。在输入成本表面时，任意被分配 NoData 的像元位置都会在所有输出栅格（成本距离、分配和回溯链接）上接收到 NoData。

7）最大距离以与成本栅格相同的成本单位指定。

8）对于输出距离栅格，距离至一组源位置的像元的最小成本距离（或最小累积成本距离）是从该像元至全部源位置的最小成本距离范围的下限。

9）成本栅格不能包含零值，因为该算法是乘法过程。如果成本栅格中的确包含表示成本最低区域的零值，则在运行成本距离前，通过运行条件函数工具将零值更改为较小的正值，如 0.01。如果零值表示的是应从分析中排除的区域，则应在运行成本距离前，通过运行设为空函数工具将这些值更改为 NoData。

10）源的特征或与源之间的通信可由特定参数进行控制。源成本倍数参数可指定行程模式或源的量级，源阻力比率是一种关于累计成本影响的动态调整（如模拟徒步者会有多么疲劳），源容量设置源在到达极限前可同化多少成本。行驶方向可确定移动是否从源开始并移动至非源位置，或从非源位置移动回源。

11）如果指定了源开始成本，并且行程方向为行驶自源，则输出成本距离表面上的源位置将被设置为源开始成本值；否则，输出成本距离表面上的源位置将被设置为零。

12）如果使用字段指定任一源特征参数，则根据给定源数据字段的信息，源特征将应用于各个源。当给定关键字或常量值，将应用于所有源。

5.5.2 分区阈值的确定

如前所述，土地利用的精细规划与管理，依据其生态适宜性与建设适宜性的差异，可划分为两大核心类别：其一，差值小于0的区域被界定为适宜生态用地，旨在保护并促进自然生态系统的健康发展，以维护生物多样性及生态平衡；其二，则是差值大于0的区域，这些区域被规划为适宜建设的生活用地，以满足人类居住、经济活动及社会发展的需求。在此基础上，为了实现更加精准的土地利用策略，可进一步对这两大类用地进行细致的子类别划分。对于适宜生态用地而言，其内部可以细化为禁止开发区与限制开发区。禁止开发区是指那些生态环境极为敏感或脆弱的区域，需严格禁止任何可能对其造成破坏的开发活动，以确保自然资源的永续保存。而限制开发区，则是在保护优先的前提下，允许进行有限度、低影响的开发活动，以实现生态与经济的和谐共生。对于适宜建设的生活用地而言，适宜建设的生活用地也被精心划分为重点开发区、优化开发区及生态治理区。重点开发区作为城市扩张与经济发展的核心区域，承载着推动区域经济增长、提升城市功能的重要使命。优化开发区则侧重于对现有建设用地的结构调整与功能升级，通过提高土地利用效率与集约化程度，实现经济社会的可持续发展。而生态治理区，则是在建设活动的同时，注重生态环境的修复与保护，通过实施生态工程、加强环境监管等措施，确保建设活动不对生态环境造成不可逆的损害。

分区阈值的确定，是这一精细划分过程中的关键环节。借助 MCR 模型，通过分析差值与面积曲线的突变点，可以科学合理地设定各分区的界限。MCR 差值表面的构建，直观展示了差值与栅格数目之间的关系，使得我们能够更加精准地把握土地利用的空间分布特征，为后续的规划决策提供坚实的数据支撑。

第 6 章

河西走廊绿洲区生态安全与水土资源优化配置实践案例

第 3 章至第 5 章对生态安全格局及相对应模型的基本情况进行了介绍,本章将从具体的应用案例出发,通过分析石羊河流域和黑河流域的生态环境基本问题,建立对应的指标体系,对石羊河流域和黑河流域的生态安全情况进行评价,并对其水土资源进行优化配置。

6.1 石羊河流域绿洲区生态安全与水土资源优化配置方法与策略

6.1.1 石羊河流域绿洲区生态环境基本问题

石羊河流域位于甘肃省河西走廊地区东段,地理位置在 37°08′N ~ 39°28′N 和 101°22′E ~ 104°05′E,介于蒙新高原和青藏高原之间,地处祁连山北麓,东以乌鞘岭与黄河流域为界,西以大黄山与黑河流域为界,北侧与内蒙古自治区相邻,被腾格里沙漠和巴丹吉林沙漠包围。该流域由石羊河干流和西大河、东大河、西营河、金塔河、杂木河、黄羊河、古浪河、大靖河等支流流经的武威市、金昌市全部及张掖市的肃南裕固族自治县、山丹县和白银市的景泰县部分区域组成,流域总面积 4.16 万 km²,其中荒山、戈壁、沙漠、荒地面积约占 68%,草原、森林、农田面积约占 32%。受大陆性气候和高原气象的综合影响,以及独特的地质构造和地貌特征,石羊河流域形成了山地-绿洲-沙漠自然景观及多种植被类型和脆弱的生态环境。石羊河流域上游是祁连山山脉,平均海拔在 3500 ~ 4000m;中游是高平原地貌为主的武威盆地,主体部分海拔在 1400 ~ 2000m;下游是以阿拉善高原荒漠地貌为主的民勤盆地、昌宁盆地,海拔在 1300 ~ 1500m。全流域长约 300km,地势南高北低,垂直地带性明显,从南到北分别为祁连山冷凉牧区、灌溉农业绿洲带和荒漠带景观。

随着近年来石羊河流域城市化不断发展，土地集约节约利用已经迫在眉睫，且从国家层面将对土地政策进行全面改革。目前石羊河流域耕地主要分布在中游的凉州区和下游的民勤盆地，绿洲农业的发展是以耗费大量水资源为代价的，尤其在沙漠几乎三面包围绿洲的民勤，农业用水较多，目前以上游调水和就地地下取水的两种用水方式已造成绿洲区地下水位下降、水质降低、矿化度升高、盐渍化加重，已造成土地生产力下降，如不再加以整治，最终弃耕而成为撂荒沙化地是必然之势。石羊河流域上游水源涵养区林地、草地面积减少，水源涵养能力减弱，而中游城市扩张和农业发展使得对水需求持续增加，下游地区撂荒沙化也在持续，全流域生态环境治理和恢复难度较大。具体来讲，石羊河流域生态环境问题包括如下几个方面。

（1）祁连山产流区林草植被退化，水源涵养功能降低，水土流失加剧

祁连山的森林和高山草甸是石羊河流域水源涵养区。20 世纪 50 年代以来，随着人类活动范围的不断扩大及过度放牧，造成林地、草场退化，植被覆盖率降低，水源涵养功能下降。据有关部门统计，在祁连山石羊河流域产流区有 1500km² 的林草植被垦殖，水源林现存不足 550km²，灌草面积仅有 3100km²，山区的植被覆盖率只有 40% 左右，祁连山灌木林下线比 50 年代上移约 40m，有些地方上移了约 600m，30% 的灌木林区出现草原化和荒漠化，上游水库有效库容减少 1/8 ~ 1/5。土壤盐渍化面积由新中国成立初期的 1.2 万 hm² 扩大到 2020 年的 2.75 万 hm²。部分地区不断毁林毁草、开荒种地，严重地毁坏了林草植被，加之近几年又大兴淘金热，更加剧了林草植被的毁坏，导致水土流失，河流洪枯流量变化剧烈，水源涵养功能急剧下降。

（2）植被退化，土地沙化，自然灾害频繁发生

石羊河流域绿洲人工生态林和下游荒漠河岸林及灌丛是绿洲生态环境安全的屏障，这些植被的生长对土壤水分状况和地下水位的变化反应敏感。有研究资料表明，内陆干旱区沙枣生长的最佳地下水位埋深为 3m，梭梭为 3 ~ 5m，柽柳为 5m，白刺、沙拐枣为 4m。当地下水位埋深超过最佳地下水位埋深后，土壤水分便会下降，植被根系因吸收不到地下水而逐渐衰败，甚至死亡，进而导致土地沙化。20 世纪 50 年代，大量湿中生系列植物广泛分布于武威盆地的丘间低地、河岸和沟渠两旁，局部地区覆盖度在 80% 以上，近年来这些湿中生的植物系统已衰败消失；石羊河流域，下游的民勤盆地 50 年代以来营造的 8.7 万 hm² 人工沙枣林，除分布于水库附近的以外，已有 60% 枯死，绿洲边缘地带的白刺和柽柳灌丛植被及人工梭梭林因地下水位埋深大于植被根系吸水深度而严重衰退甚至死亡。植被的衰退，使沙丘活化，绿洲边缘天然防沙屏障逐段开口，风蚀加剧，沙漠不断入侵。

（3）气候变化，极端天气事件增加，温度升高

石羊河流域绿洲区面临的生态环境问题之一是气候变化，这对区域的生态系统和人类活动产生了深远影响。气候变化导致极端天气事件的频率和强度增加，如干旱、沙尘暴等，对当地的生态环境和生物多样性构成了严重威胁，导致农作物减产、草场退化，生态系统压力加大。与20世纪50年代相比，石羊河流域绿洲区干旱事件的发生频率增加了约30%。气候变暖导致了区域温度升高，近年来，石羊河流域的年平均气温持续上升，冬季和夏季的极端温度更加明显。温度升高直接加剧了水资源的蒸发，导致水资源短缺问题更加严重。根据统计，过去50年间，该地区的年平均气温上升了约1.5℃，蒸发量增加了10%左右，干旱频发成为常态。气候变化导致降水模式发生改变，降水量减少且分布不均。干旱不仅影响了农业生产，还导致河流水量减少，湿地面积缩小，水生生态系统受到严重影响。根据气象记录，过去30年间，石羊河流域的年降水量减少了约20%，导致湿地面积缩减了70%，沙尘暴的频率和强度增加。气候变化导致植被覆盖率下降，土壤裸露面积增大，风蚀作用加强，沙尘暴发生频率增加。沙尘暴不仅对人类健康造成威胁，还加剧了土地荒漠化问题。20世纪50年代，石羊河流域每年约发生5次沙尘暴，而近些年来，这一数字已增加到每年约15次。气候变化对生物多样性也有重大影响。温度和降水模式的变化影响了物种的生存和繁殖。例如，一些耐寒植物由于气温升高而逐渐消失，耐旱植物的数量则有所增加，改变了原有的生态平衡。

（4）生物多样性减少，栖息地破坏，外来物种入侵

石羊河流域绿洲区的生物多样性减少问题日益严重，对生态环境和区域可持续发展构成了巨大威胁。该地区位于我国西北干旱半干旱地带，生态系统脆弱，生物多样性丰富，然而，随着人类活动的加剧，生物多样性正在显著下降。栖息地破坏是生物多样性减少的主要原因之一。大量的农业开发、城市扩张以及基础设施建设导致自然栖息地被破坏或分割，使得许多动植物失去了赖以生存的环境。自20世纪50年代以来，大量的农业开发和城市扩张导致栖息地被破坏。据统计，该地区的天然草地面积从约2.5万km²减少到现在的不到1.5km²，减少了约40%。草地和湿地被开垦为农田，森林被砍伐用于木材和燃料，造成原本丰富的动植物种群数量锐减。湿地作为重要的生物多样性栖息地，其面积也在显著减少。20世纪50年代，石羊河流域的湿地面积约有1000km²，但目前仅剩下不到300km²，减少了70%。过度放牧和不合理的土地利用方式也对生物多样性造成了严重影响。过度放牧导致草地退化，土壤质量下降，植被覆盖率降低，许多原本栖息在这些地区的物种被迫迁移或灭绝，一些关键物种的数量急剧下降。例如，祁连山的马麝种群数量在过去的50年间减少了约70%，从20世纪50年代的近5000只，减少到现在不到1500只。同时，不合理的灌溉和排水系统导致土壤盐碱化，进一步恶化了栖息地条件。此外，外来物种的入侵对本地生态系统构成了重大威胁。外来物种往往具有强大的竞争力，能够快速适应新环境并繁殖，导致本地物种生存空间被挤占，如外来植物种类——黄花蒿的扩散，对本地植物群落造成严重冲击。近年来，外来植物种类已占据了部分地区约20%的草地，导致本地植物种类减少。

因此针对这些问题，需要对现有的水土资源进行配置与优化，对耕地、林地、草地等景观类型重新安排、设计和布局，增强气候变化的监测与研究，推进可持续的水资源管理，实施植被恢复和荒漠化防治工程，提高社区和生态系统的适应能力，加强自然保护区的建设和管理，恢复和保护关键栖息地，控制外来物种入侵。从而确定最佳或最优的土地利用空间优化配置方案，有效保护石羊河流域绿洲区的生态安全，实现生态环境的可持续发展。

6.1.2 石羊河流域绿洲区生态安全变化主要因素分析

(1) 水资源条件极大地制约着石羊河流域的生态安全

石羊河流域是甘肃省三大内陆河流域之一，也是河西走廊的门户。流域灌溉历史悠久，是国家重要的优质农产品生产基地，也是我国生态安全的天然屏障。石羊河流域降水稀少，蒸发强烈，生态环境十分脆弱。荒漠区多年平均降水量为80~110mm，走廊平原区为130~200mm，山区为250~600mm。降水量年内分配极不均匀，蒸发量从上游到下游依次增加，山区约700mm，浅山区1100~1200mm，川区2000~2200mm，下游的民勤县更是高达2644mm，是全国干旱缺水的地区之一。而流域内以农业发展为主，人口密集，水资源开发强度大，水资源对社会经济发展制约性强。20世纪90年代以来，中下游地区粗放式经济发展模式中，大面积垦荒及地下水过度超采等活动致使流域生态环境严重恶化，上中下游水资源供需矛盾日趋突出，水资源条件极大地制约着石羊河流域的生态安全。

(2) 土地利用/覆盖变化对生态安全格局的影响

土地利用/覆盖变化是社会经济和生物物理因素驱动的多重交互过程的结果，对生态环境具有显著影响，土地利用类型的变化可以反映生态安全的状态，预测未来土地利用变化有助于优化土地利用格局，提高区域生态安全。石羊河流域地处三大高原（黄土、青藏、蒙新）的交汇过渡带，海拔变化差异较大，自然要素组成垂直分异性明显，土地利用类型亦有显著的地带性分异特征。土地资源的数量、布局、结构等极大地影响区域生态安全。一般而言，林地、草地以及湿地面积的增加有助于提高水源涵养功能，对于延缓荒漠化加剧、减轻土地沙化、改善区域生态环境以及提高区域生态安全格局都具有显著的正向效应；建设用地主要涉及原有土地的硬化，在建设用地上的第二、第三产业的生产行为易于对生态环境造成污染，对生态安全格局有不利影响；裸地和沙地则风沙侵蚀严重，生态环境恶劣，不利于生物的生存以及区域生态环境的改善。

（3）土地荒漠化影响生态安全变化

土地荒漠化对区域生态系统、农业生产和居民生活造成了严重威胁。土地荒漠化主要是由于自然因素和人为活动共同作用的结果。气候变化是导致土地荒漠化的重要自然因素。近年来，石羊河流域的年平均气温上升了约1.5℃，降水量减少了约20%。气温升高导致蒸发量增加，土壤水分迅速流失，而降水量减少使得土壤得不到有效补充。这种水热条件的恶化直接导致植被覆盖率下降，土壤抗蚀能力减弱，最终导致土地荒漠化加剧。人为活动是土地荒漠化的主要驱动因素之一。过度放牧、农业扩张和不合理的土地利用方式对土壤和植被造成了严重破坏。自20世纪50年代以来，石羊河流域的天然草地面积从约2.5万km²减少到不到1.5万km²，减少了40%。草地退化导致土壤结构松散，抗风蚀能力减弱，风沙侵蚀加剧，形成沙漠化土地。植被覆盖率的下降是土地荒漠化的直接表现。数据显示，石羊河流域的灌木林下线比20世纪50年代上移了约40m，有些地方上移了约600m，30%的灌木林区出现了草原化和荒漠化。这意味着原本能够固沙、防风的植被被破坏，导致土壤裸露，风蚀作用增强，进一步加剧了土地荒漠化。土地荒漠化不仅破坏了生态环境，还对农业生产和居民生活造成了严重影响。由于土壤肥力下降，农作物产量大幅减少，农业生产力下降，农民收入受到影响。风沙侵袭频繁，沙尘暴事件增加，还对居民健康和生活环境构成威胁。

（4）环境污染对生态安全变化的影响

环境污染对石羊河流域绿洲区生态系统和居民健康产生了深远影响。该地区的环境污染主要来源于农业、工业和生活污染。其中农业污染对生态环境的影响尤为显著，大量使用化肥和农药导致土壤和水体的污染。化肥中的氮、磷等元素渗入地下水和河流，导致水体富营养化，诱发藻类大量繁殖，破坏水生生态系统。农药残留不仅危害土壤微生物群落，还通过食物链积累，对动物和人类健康构成威胁。数据显示，石羊河流域每年施用化肥约20万t，其中约30%流失到环境中，污染土壤和水体。工业污染也对石羊河流域的生态环境造成了严重影响，工业废水和废气的排放未达标，导致水体和空气污染。部分工业企业为追求经济利益，未按规定处理废水，直接排放到河流中，导致河流水质恶化。例如，石羊河流域某些工业区的水质监测数据显示，重金属含量超标3倍以上，对水生生物和居民健康构成重大威胁。生活污染也是一个不可忽视的问题。随着城市化进程加快，城市人口迅速增加，生活污水和垃圾的处理能力不足，导致大量生活污水未经处理直接排放到河流中，生活垃圾随意堆放，污染环境。数据显示，石羊河流域的城市生活污水处理率仅为60%，大量污水直接排入环境，污染水源。环境污染还导致土壤质量下降，农田生产力减退。土壤污染主要来源于工业废弃物和农业化学品的残留，这些污染物进入土壤后，影响植物的生长，降低农作物产量和品质。部分地区的土壤重金属含量超标，直接影响到农产品安全和人类健康。

6.1.3 基于 CLUE-S 模型的石羊河流域绿洲区水土资源优化配置

6.1.3.1 数据源及预处理

（1）遥感数据

本章采用的遥感数据是中国遥感卫星地面站接收的美国 Landsat/TM、ETM+和 OLI 共四期影像，其中 1986 年、2000 年、2006 年和 2007 年数据主要来源于 TM，2006 年和 2007 年缺失影像采用 ETM+数据，2015 年数据来源于 OLI 传感器，每期遥感影像包括 4 景图像，为保证遥感解译时空间尺度一致性和土地利用数据精度，本章所用影像空间分辨率均为 30m，1986 年遥感数据来源于寒区旱区科学数据中心（http://westdc.westgis.ac.cn/），2000 年以后的遥感数据均下载于地理空间数据云平台（http://www.gscloud.cn/）。不同年份数据获取时间和相关信息如表 6.1 所示。

表 6.1　石羊河流域遥感数据一览表

数据类型	轨道号	获取时间	分辨率/m	波段数	成像质量
TM 四景影像合成	131/33 ~ 132/34	1986 年 7 月 10 日	30	3	4.5%
TM	131/33	2000 年 7 月 28 日	30	3	0.3%
TM	131/34	2000 年 6 月 13 日	30	3	无云良好
TM	132/33	2000 年 7 月 30 日	30	3	0.1%
TM	132/34	2000 年 7 月 30 日	30	3	1.5%
TM	131/33	2007 年 8 月 21 日	30	7	1.2%
ETM+	131/34	2006 年 8 月 05 日	30	7	0.1%
TM	132/33	2007 年 6 月 09 日	30	7	0.1%
TM	132/34	2007 年 6 月 09 日	30	7	2.3%
OLI	131/33	2015 年 8 月 14 日	30	7	0.02%
OLI	131/34	2015 年 8 月 14 日	30	7	0.02%
OLI	132/33	2015 年 8 月 21 日	30	7	0.37%
OLI	132/34	2015 年 8 月 21 日	30	7	2.93%

所有遥感数据处理均在 ENVI5.1 Classic 中完成，解译前完成了数据的光谱增强、几何校正，误差控制在 0.5 个像元以内。不同年份影像均采用标准假彩色波段合成，在 ENVI 软件中进行了影像镶嵌和边界裁切，得到研究区遥感影像图。

（2）非遥感数据

已有的土地利用现状图（1986 年、1994 年、2000 年、2010 年），用于土地利用解译时的辅助数据；2000 年和 2015 年 Google 影像（从 Google Earth 中截图所得），用于解译时的参考影像；河流和水系数据，来源于石羊河流域信息系统专题数据集（http://westdc. westgis. ac. cn），包括上、中、下游各条支流和石羊河干流（. SHP 格式）；各级道路数据，来源于甘肃省基础地理信息中心，包括国道、省道和县乡道；数字高程模型（DEM）数据，分辨率 30m × 30m，来源于地理空间数据云平台（http://www. gscloud. cn/），下载后拼接而成；社会经济统计数据，包括 1986 ~ 2015 年武威市凉州区、古浪县、天祝县、民勤县，金昌市金川区、永昌县的统计年鉴及《武威社会经济发展60 年》等。在使用过程中，部分缺失指标参考了《甘肃统计年鉴》；气象数据，来源于中国科学院西北生态环境资源研究院，部分气温数据来源于中国气象局气象数据中心。

上述数据在应用过程中均根据需要进行了格式转换和投影转换，均统一为 Krasovsky_1940_Albers 投影。部分统计数据采用插值方法进行了空间化处理，通过对比均达到使用要求。

6.1.3.2　CLUE-S 模型应用步骤

CLUE-S 模型是目前研究土地利用空间布局与优化配置的重要模型之一，适用于中小尺度的土地利用情景模拟和土地优化配置，因此选取该模型模拟石羊河水土资源优化配置情况。通过 CLUE-S 模型模拟在生态安全情景、耕地保护情景以及社会经济快速发展情景下的土地优化配置方案，具体操作过程参见图 6.1。

6.1.3.3　土地利用空间驱动因子及回归方程设定

CLUE-S 模型输入端所需的土地利用驱动因子、回归方程系数等参数由第 4 章计算所得。将各驱动因子的回归系数值代入回归模型得到各土地利用类型的回归方程，表 6.2 列举了耕地的回归方程设置，其他土地类型的回归方程按照同样的方法进行计算和设置，设置完成后，重命名为 alloc. reg，保存至 CLUE-S 安装目录下，作为输入端变量。

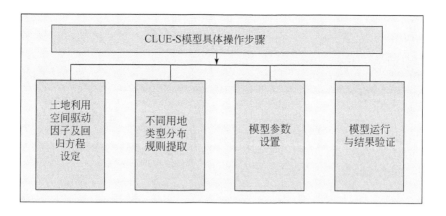

图 6.1 CLUE-S 模型流程

表 6.2 耕地回归方程设定

耕地编码	0	驱动因子编码
耕地回归方程常量	2.114 2	—
耕地回归方程的解释因子数	20	—
耕地回归方程各驱动因子系数	−0.002 53	0
	0.362 65	1
	−0.024 87	2
	−0.082 90	3
	0.015 67	4
	0.030 94	5
	−0.010 31	6
	0.039 02	7
	0.447 87	8
耕地回归方程各驱动因子系数	0.099 08	9
	0.003 44	10
	0.007 58	11
	2.417 30	12
	0.013 65	13
	0.005 66	14
	−0.003 84	15
	0.000 51	16
	0.007 89	17
	0.206 95	18
	0.292 48	19

6.1.3.4 不同用地类型分布规则提取

(1) 土地利用类型转移规则设定

本节通过分析未来石羊河发展对土地利用空间布局的需求，依据 1986～2015 年土地利用类型转换规律，通过对模型的不断调试，最终根据不同优化配置情景设置一个 6×6 的矩阵来表征其对应的土地利用类型转移规则（图 6.2），并将其分别命名为 allow1.txt、allow2.txt 和 allow3.txt。

	0	1	2	3	4	5		0	1	2	3	4	5		0	1	2	3	4	5
0	1	1	1	1	1	1		1	0	0	1	1	0		1	1	1	1	1	1
1	0	1	1	1	0	0		1	1	1	1	0	1		1	1	1	1	1	1
2	1	1	1	1	0	0		1	1	1	1	0	0		1	1	1	1	1	1
3	0	0	0	0	1	1		1	1	1	1	1	1		1	1	1	1	1	1
4	1	1	1	1	1	1		1	1	1	1	1	1		0	0	0	0	1	0
5	1	1	1	1	1	1		1	1	1	1	1	1		1	1	1	1	1	1
	生态安全情景(ESS)							耕地保护情景(FPS)							社会经济快速发展情景(SRDS)					

图 6.2　研究区内不同土地利用类型之间的转换规则

灰色框中 0～5 分别表示：0 耕地，1 林地，2 草地，3 水域，4 城乡建设用地，5 未利用地；矩阵内：
0 表示不可转换，1 表示可转；矩阵内行表示现状土地利用，列表示未来土地利用

(2) ELAS 的设定

根据石羊河流域的实际情况，城乡建设用地相对比较稳定，一般情况下发生变化和转换的可能性也较小，因此 ELAS 设为 0.85；石羊河流域内水域主要包括河流、水库和冰川等，这些土地类型对当地生态环境和社会经济发展具有十分重要的意义，一般不可转换，因此 ELAS 设置为 0.95；其他土地利用类型的转换弹性系数根据实际设置，如表 6.3 所示。

表 6.3　石羊河流域的 ELAS

土地利用类型	ELAS
耕地	0.60
林地	0.70
草地	0.50
水域	0.95
城乡建设用地	0.85
未利用地	0.40

（3）区域约束设置

依据区域约束设置规则，分别得到生态安全情景、耕地保护情景以及社会经济快速发展情景下的约束图，如图6.3～图6.5所示。

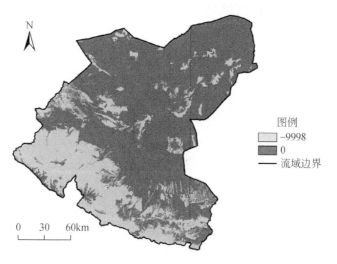

图6.3　生态安全情景区域约束

图例"-9998"表示：在CLUES模型中，需要对土地利用空间配置的区域和因素进行空间限制，一般以region*.fil文件进行保存，可以对边界、范围、类型等进行限制。在设置该文件时用0和-9998表示，其中0代表各土地利用类型可以发生变化的区域，而-9998代表各土地利用类型不可发生转变的区域。在生态安全情景模拟时，原有水域不能发生转化，上游地区林地及全流域面积大于10个栅格单元（4km²）的草地也不能发生变化，据此将这些区域设置为-9998，其他区域设置为0，先做出区域约束栅格图，再将其转换为ASCII格式，命名为region1.fil

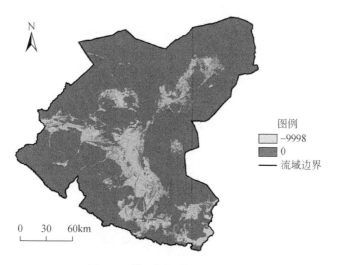

图6.4　耕地保护情景区域约束

图例"-9998"表示：在耕地保护情景模拟时，中下游原有优质耕地不能发生转化，单个图斑面积大于1km²（5个栅格单元）的集中分布的耕地也不易发生变化，将这些区域设置为-9998，其他区域设置为0，先做出区域约束栅格图，再将其转换为ASCII格式，命名为region2.fil

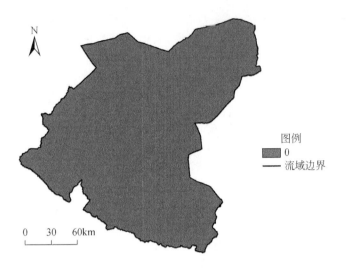

图例
■ 0
— 流域边界

0　30　60km

图 6.5　社会经济快速发展情景区域约束

图例 "0" 表示：在进行精度验证和社会经济快速发展情景模拟时，设定区域约束值为 0，表示各土地利用类型之间可以任意转换和变化，在设置时文件范围要与研究区边界范围一致、棚格尺度相同并转换成 ASCII 格式，命名为 region3. fil

6.1.3.5　模型参数设置

（1）主要参数设置（main. 1）

依据参数设置规则，得到 main. 1 文件，设置如表 6.4 所示。

表 6.4　main. 1 文件参数设置

编号	参数内容	参数设置
1	土地利用类型数量	6
2	土地利用优化区块数	1
3	回归方程中驱动力最大自变量	20
4	总驱动因子个数	20
5	棚格行数	1356
6	棚格列数	1318
7	棚格面积	4
8	原点 X 坐标	34422948. 39
9	原点 Y 坐标	4371222. 347
10	土地利用类型编码	0 1 2 3 4 5
11	土地利用类型转换弹性系数编码	0. 6, 0. 7, 0. 5, 0. 95, 0. 85, 0. 4
12	迭代变量系数	0, 0. 71
13	模拟的起止年份	2007, 2030

编号	参数内容	参数设置
14	动态变化解释因子数及编码	0
15	输出文件选择	1
16	特定区域回归选项	0
17	土地利用历史初值	1, 2
18	邻近区域选择	0
19	区域特定优先值	0

（2）土地利用类型 ASCⅡ文件设定（Cov_all. 0）

根据土地利用类型 ASCⅡ文件设定规则，对 2007 年和 2015 年的石羊河流域土地利用属性值进行设置，得到 2007 年和 2015 年土地利用类型栅格图（图 6.6）以及 ASCⅡ文件格式。

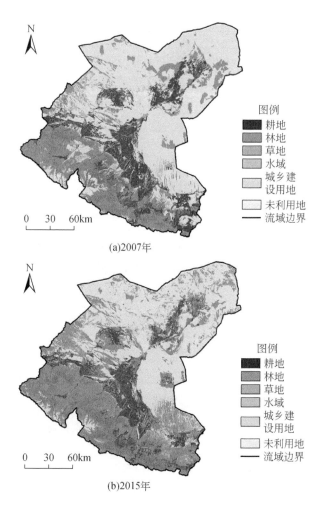

图 6.6　石羊河流域 2007 年和 2015 年土地利用类型栅格

（3）土地利用需求文件设置（demand. in ＊）

将 MODP 模型计算的石羊河流域 2020 年、2025 年和 2030 各三种不同情景的数量控制结果作为 CLUE-S 模型的数量需求文件，其中 2020 年生态安全、耕地保护和社会经济快速发展三个情景需求文件转为 . txt 格式，重命名为 demand. in1，demand. in2，demand. in3，将 2025 年和 2030 年不同情景分别命名为 demand. in4、demand. in5、demand. in6 和 demand. in7、demand. in8、demand. in9，完成土地利用优化配置数量需求的设置。

（4）allow. txt 设定

依据 allow. txt 文件的设置规则，对其进行设置。

6.1.3.6 模型运行与结果验证

（1）模型运行

将上述各参数设置好之后就可以运行 CLUE-S 模型，以 2007 年土地利用现状图作为初始结果，模拟 2015 年土地利用空间分布结果，并与 2015 年实际相比较，从而判定模拟精度是否达到要求。在此基础上以 2015 年为目标年份，分别模拟 2020 年、2025 年和 2030 年不同情景下的土地利用空间配置结果。在该模型中结果显示的格式为 ASCⅡ，因此需要借助 ArcGIS10.4 软件将其转换为 Raster 格式，并对不同土地利用类型进行设色，最后制图输出。

（2）结果精度验证

以 2007 年的土地利用栅格数据作为基期数据，2015 年的土地利用栅格数据作为模拟的需求数据。通过运行 CLUE-S 模型，并与 2015 年实际土地利用图进行对照（图 6.7）。结果表明：模拟结果与现状图整体上一致性较高，出现误差部分主要在石羊河流域上游和中游区域，上游地区误差出现主要集中在林地和草地之间的转换比较频繁，导致部分草地转变为林地，而原有林地部分又变为草地，因此在空间分布图上，天祝藏族自治县部分区域出现集中连片的模拟误差区域。

从现状图与模拟图的统计结果来看（表 6.5），数量模拟误差较大的为草地和林地，二者正确率分别为 87.95% 和 90.83%。从结果来看，林地模拟面积与实际面积少233.51km^2，而草地模拟面积比实际面积又多 361.80km^2。水域模拟面积比实际面积多出37.38km^2，模拟正确率为 91.09%。而模拟正确率较高的为未利用地和城乡建设用地，二者正确率均达到 95% 以上。

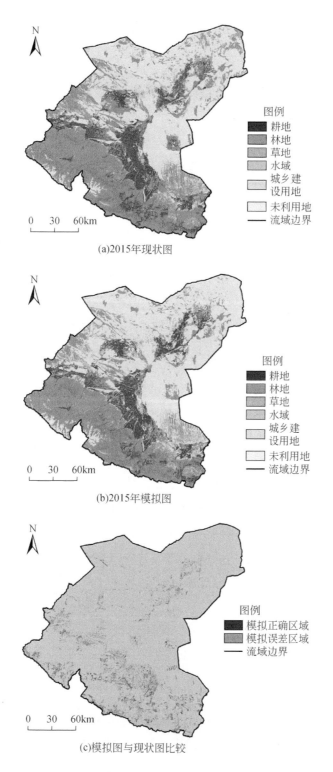

图例
■ 耕地
■ 林地
■ 草地
■ 水域
□ 城乡建设用地
□ 未利用地
— 流域边界

0 30 60km

(a)2015年现状图

图例
■ 耕地
■ 林地
■ 草地
■ 水域
□ 城乡建设用地
□ 未利用地
— 流域边界

0 30 60km

(b)2015年模拟图

图例
■ 模拟正确区域
■ 模拟误差区域
— 流域边界

0 30 60km

(c)模拟图与现状图比较

图6.7   模拟结果及误差对比图

表6.5　现状与模拟结果对比统计表

变量	土地利用类型	现状面积/km²	模拟面积/km²	重叠面积/km²	模拟正确率/%
0	耕地	7 016.91	6 873.84	6 489.5	94.41
1	林地	2 482.84	2 249.33	2 043.00	90.83
2	草地	11 023.89	11 385.69	10 014.00	87.95
3	水域	411.89	449.27	409.22	91.09
4	城乡建设用地	540.51	534.34	509.20	95.30
5	未利用地	19 102.81	19 086.38	18 255.40	95.65

从模拟结果可以看出：

1）从整体上看，各土地利用类型模拟正确率均超过80%，达到预期模拟效果。

2）从模拟误差来看，利用CLUE-S模型时，土地利用类型面积大，集中连片分布的地类其模拟精度高于分布相对分散、数量较少的地类。

3）从本次研究来看，石羊河流域由于土地利用类型的数量和分布差异较大，且该区域地形复杂，海拔差异大，因此高海拔和地形复杂区域其模拟精度稍低于低海拔地势平坦区。

为定量评价整个研究区模拟结果的可信度，这里运用Kappa指数对CLUE-S模型模拟结果进行定量检验，以评价模拟的效果是否理想。该指数表达式为

$$Kappa = \frac{P_0 - P_c}{P_p - P_c} \tag{6.1}$$

式中，P_0为正确模拟的比例；P_c为随机情况下期望的正确模拟比例；P_p为理想分类情况下正确模拟的比例。本研究中模拟正确栅格894 419个，占总栅格数1 014 483个的88.165%，因此$P_0 = 0.882$，本研究对其中的5类土地利用进行优化，每类土地利用的栅格在随机模拟状况下的正确模拟比可认为$P_c = 1/6$，而理想情况下正确模拟比例为100%，因此$P_p = 1$，由此计算出Kappa指数为0.858（>0.6），说明对2015年的土地利用空间分布模拟效果较好。

6.1.3.7　结果分析

（1）生态安全情景分析

利用CLUE-S模型模拟分析三种不同情景下土地利用优化配置的空间分布及数量分布特征。从生态安全情景来看（图6.8），高海拔地区退耕还林还草、中游绿洲边缘地带和下游青土湖及周边沙漠地带植树造林成为生态安全保障的必要措施。从优化配置结果的空间特征来看，未来5~10年生态安全情景下林地和草地显著增加，水域也有增加，林地增

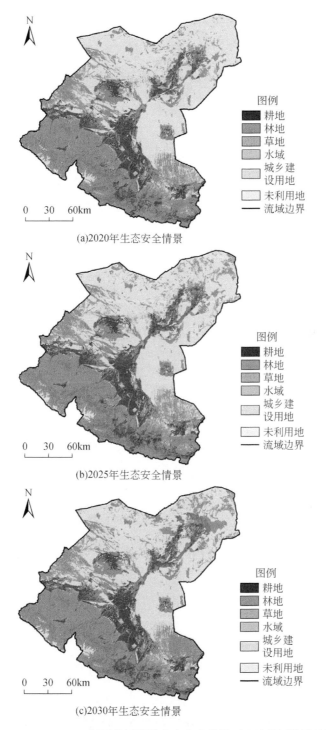

图6.8　2020~2030年石羊河流域生态安全情景下土地利用模拟结果

加的部分主要集中在中游凉州区北部耕地与未利用地的边缘地带、红崖山水库周边及下游民勤县北部和东部，这些地方地形相对平缓，有较好的供水设施，且处于生态退化与恢复的极度敏感地区，因此种植林地可以有效改善生态环境，防止沙漠进一步扩张；草地增加主要集中在天祝县西北部与耕地相接的边缘地带、凉州区北部和金川区南部距离河流较近的沙漠地带以及民勤县北部青土湖周边、北部沙漠腹地。水域增加主要集中在中下游，以红崖山水库扩库增容为主，下游灌区和河道扩张为辅。与此同时，各类城乡建设用地在原有建设用地的基础上向周边扩展，分散的零星居民点进一步搬迁，在实现城乡融合发展、统筹发展的基础上优化土地资源利用效率。

从数量变化来看（图6.9），石羊河流域2015～2030年全流域将增加林地11.1%，其中在2015～2020年增加较多，达到4.12%，此后10年间年均增加3.5%，原因在于石羊河流域在此期间实施了植树造林和田间林道建设，林地面积显著增加。草地面积在2015～2030年共增加5.36%，其中2015～2020年增加1.46%，2020～2025年增加1.82%，2025～2030年增加2.08%。水域在2015～2030年增加面积约36.98km²，约占现有水域总面积的7.9%。从生态安全情景来看，2015～2030年以增加林地草地面积为主，除此之外，水域和城乡建设用地也有少量增加；而在此情景下耕地和未利用面积有所减少，其中耕地在2015～2020年减少约1.37%，2020～2025年减少1.01%，而在2025～2030年进一步减少2.87%。石羊河流域未来进行生态环境保护和治理重点在于下游防风固沙，因此对于未利用地的开发利用成为生态治理重点工作之一。2015～2030年共减少裸地、沙地等土地类型3.25%，增加面积约613.55km²。

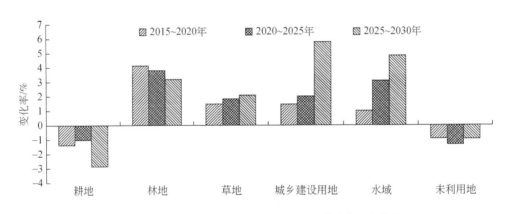

图6.9 石羊河流域生态安全情景下土地利用类型变化率

总体上看，未来石羊河流域在生态安全情景下，需要重点进行植树造林、防风固沙、保持水源涵养等措施，对现有耕地和建设用地布局进行重点优化，提高利用率，为河西走廊乃至整个西北地区生态文明建设作出贡献。

（2）耕地保护情景分析

石羊河流域涉及人口众多，社会经济发展潜力较大，是我国重要的粮食生产基地，且受国家基本农田保护政策的影响，在该流域实施耕地保护战略，对于促进全流域社会经济全面、协调、可持续发展具有十分重要的意义，因此要严格控制区域内基本农田和其他农用地的占用。优化配置结果进一步显示，石羊河流域未来耕地保护压力较大，可供开发整治为耕地的地域有限，主要在于新农村搬迁合并后的旧宅复垦，中下游地区地势平坦区的裸地的开发和原有低等级耕地的等级升级改造等。从优化配置的空间分布来看（图6.10），2015~2020年，耕地略有减少，主要原因一是退耕还林还草工程进一步实施，导致部分低等级耕地面积减少，二是城市化进程加快，而新农村建设后原有旧宅复垦率又不高，导致占用了一定数量的耕地；而在2020~2025年耕地稳中有增，增加的区域主要集中在绿洲内部，原有的农村居民点用地大量复垦为耕地，除此之外，在古浪与凉州区接壤的区域、凉州区东北方向也有少量未利用地开发为耕地；在2025~2030年，耕地面积进一步增加，主要是通过一些大型项目，通过饮水工程解决农业用水，在此基础上加大未利用地整治开发力度，增加耕地面积。其他土地利用类型中，林地、草地、水域也有一定的增加，随着城市化进程进一步推进，城乡建设用地也会有少量增加，而增加的土地未来主要靠开发未利用地获得，因此未利用地又明显减少。

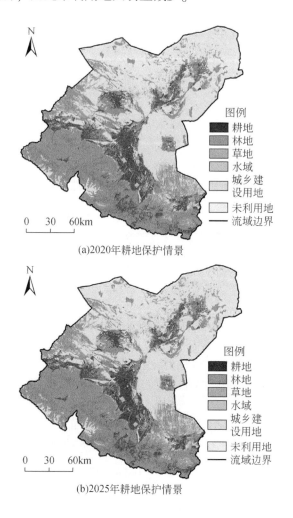

(a)2020年耕地保护情景

(b)2025年耕地保护情景

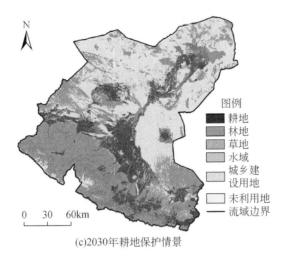

(c)2030年耕地保护情景

图6.10　2020～2030年石羊河流域耕地保护情景下土地利用模拟结果

　　从优化配置的面积变化率来看（图6.11），面积变化率从大到小依次为：林地>水域>未利用地>草地>城乡建设用地>耕地，面积变化率最大的土地利用类型为林地，在2015～2020年为0.9%，而在2020～2025年达到5.99%，2025～2030年达到3.62%；由于耕地总面积较多，因此其变化率相对最低，但未来15年增加的面积累计达到75.83km²；面积变化最多的为未利用地，从2015～2030年累计减少约425.52km²。

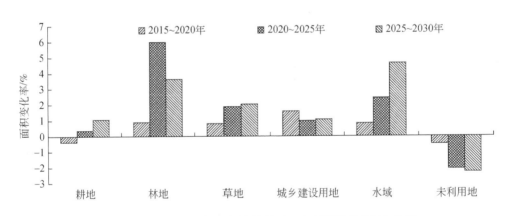

图6.11　石羊河流域耕地保护情景下土地利用类型面积变化率

　　由此可见，石羊河流域今后若要增加耕地，将面临很大困难和压力，因此需要下大力气减少边远山区、交通落后区、居民点分散区的建设用地面积，部分不适宜居住的居民点宜整体搬迁，适当压缩农村居民点用地规模，将腾空出的老旧宅基地复垦为耕地。另外，以土地整治项目为平台，开展农村土地综合整治，提高耕地质量，大力整治"空心村"，通过整治村庄，增加耕地面积，缓解用地矛盾，改善流域内人居环境。

（3）社会经济快速发展情景分析

在今后加快社会经济发展的情景下，石羊河流域整体趋势为：耕地减少幅度较大，林地和草地有适当增加，城乡建设用地明显增加，各类水域面积也有适当增加，未利用地面积则有一定的减少。从空间分布来看（图6.12），石羊河流域所在凉州区、金川区、民勤县、永昌县等县城所在地城镇用地扩张较为明显，城镇建设占用了部分耕地；另外，各乡镇周边新农村建设也较明显，天祝县、民勤县、古浪县和永昌县农村异地搬迁，农村居民点减少，而城镇面积增加；林地和草地在社会快速发展情景下也有所增加，但相比前两种情景增加的面积有限，水域面积随着生态文明建设、城市水源地建设、水库建设和城市景观水面建设等也有一定幅度的增加。在此基础上未利用面积减少较为明显，主要原因是今后城市发展时要考虑开发利用未利用地，提高开发土地潜力，未利用地减少较为明显的区域集中在红崖山水库周边，民勤北部地区以及凉州区东北部地区，这些地方的未利用地开发利用面积占总开发的未利用面积的90%以上。

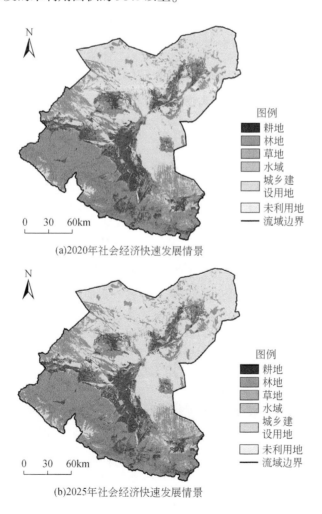

(a)2020年社会经济快速发展情景

(b)2025年社会经济快速发展情景

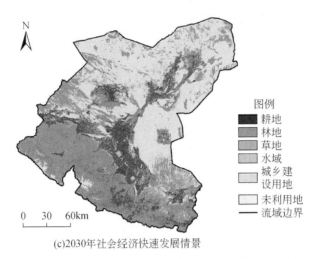

(c)2030年社会经济快速发展情景

图6.12　2020～2030年石羊河流域社会经济快速发展情景下土地利用模拟结果

从数量变化来看（图6.13），面积变化率从高低依次为城乡建设用地>林地>水域>耕地>草地>未利用地。其中，城乡建设用地在2015～2020年增加1.66%，面积达8.99km²，在2020～2025年增加6.15%。可见在"十五五"时期，石羊河流域城市化明显加快，城乡建设用地在2025～2030年再次增加6.78%，面积约39.53km²，主要是城市和重点乡镇的快速发展所致。未利用地由于面积大，至2030年将减少约2.53%，年均开发利用的未利用地约31.92km²。

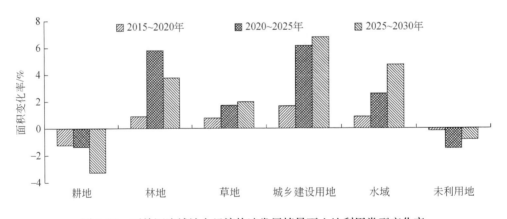

图6.13　石羊河流域社会经济快速发展情景下土地利用类型变化率

从该优化配置情景来看，今后随着城市化加快和城乡融合发展的整体推进，城乡建设用地面积明显增加，且各类建设用地更加趋向集约节约用地。尽管如此，此模拟情景下势必需要占用部分耕地，因此如何在加快社会经济快速发展的同时兼顾粮食安全，是各级政府今后一个时期内需要考虑的问题之一。

（4）不同情景对比分析

通过对三种不同情景下的空间优化配置结果对比分析，发现 3 种情景中林地、草地、水域和城乡建设用地这 4 种土地利用类型面积均有不同程度增加，而未利用地有显著减少趋势。为了对比 3 种情景模拟结果，对 2015～2030 年石羊河流域 6 类土地利用转变面积进行统计（图 6.14），结果发现，2015～2030 年土地利用面积变化从大到小依次为未利用地>草地>耕地>林地>城乡建设用地>水域。3 种情景下草地增加的面积均超过了 400km²，林地增加的面积也超过 200km²；未利用地面积减少最为明显，3 种情景下面积减少均超过 450km²；耕地呈现先减再增，后又减少的趋势，总体来看呈减少趋势。整体来看，三种不同情景其侧重点各有不同，但在模拟时均考虑了未来社会发展和生态环境保护等方面的需求。

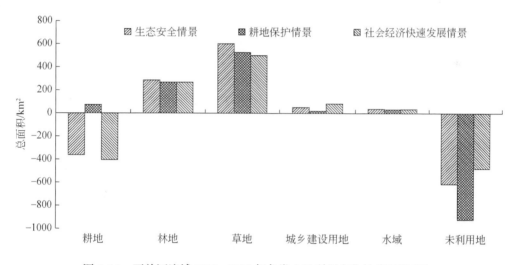

图 6.14 石羊河流域 2015～2030 年各类土地利用变化的总面积对比

6.1.4 基于 MCR 模型的石羊河流域绿洲区水土资源空间优化

从生态学的角度，通过掌握土地利用景观单元的生态学意义，如土地景观变化的方向、阻力、路径等，从而探究土地利用变化引起的景观流、物质流和信息流的变化，是进行土地利用变化和空间优化配置的全新视角。因此依据石羊河流域土地利用特征，选取土地利用资源和生态安全格局密切相关的景观单元，通过最小累积阻力模型对石羊河流域绿洲区的水土资源进行优化配置，主要操作步骤包括源地的选取、阻力表面的构建、累积耗费距离模型的实现、结果及分析。

6.1.4.1 源地的选取

基于 MCR 模型，对石羊河流域绿洲区的水土资源空间优化源地进行了科学选取。MCR 模型通过计算各景观单元之间的"最小成本路径"，确定生态资源的最佳连接方式。本研究选取了两个关键源地：一是"生态源地"，包括具有广泛生态功能的林地和水域，这些区域对于维护区域生态安全至关重要；二是"扩张源"，主要指城乡建设用地，它们对未来区域发展和扩展有重要影响。通过对这两类源地的空间布局进行优化，可为石羊河流域绿洲区的可持续发展提供理论支持和实践指导。

（1）生态源地提取

本研究中土地利用优化配置旨在保护生态，尤其是连片的林地、草地和水体等。在石羊河流域中，由于林地主要集中分布在上游祁连山区，该区域是国家重要的水源涵养林保护区，也是国家级自然保护区的核心区，因此是生态保护的重点；位于上游地区连片且呈带状分布的草地，中游地区城市绿地和中下游荒漠化草甸等也是防风固沙、生态恢复的重要组分。此外，水域（河流、湖泊、水库、城市景观水面等）对于干旱内陆地区来讲是维系生态系统得以发展的"生命线"，因此也是土地利用优化配置时考虑的重点。对石羊河流域而言，水域主要包括东大河、西大河等八大支流和石羊河干流，以及青土湖、红崖山水库、大靖峡水库、金川峡水库、西营水库、南营水库、黄羊水库、曹家湖水库、十八里堡水库和柳条河水库等水库；此外，自然保护区、饮用水源地和各类湿地也是生态用地的重要组成部分，主要包括连古城国家级自然保护区和黄案滩荒漠湿地等。"生态源"构成高安全水平的生态用地，是保障自然生态系统的最小土地底线，原则上任何城市扩张行为不得侵占这类生态用地。单一"生态源"及综合后的"生态源"如图 6.15 所示。

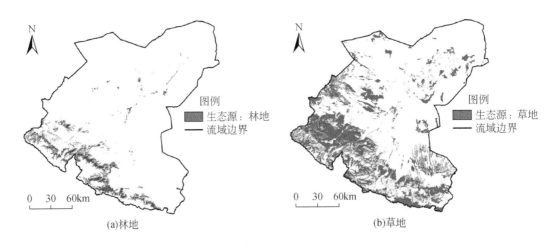

(a)林地   (b)草地

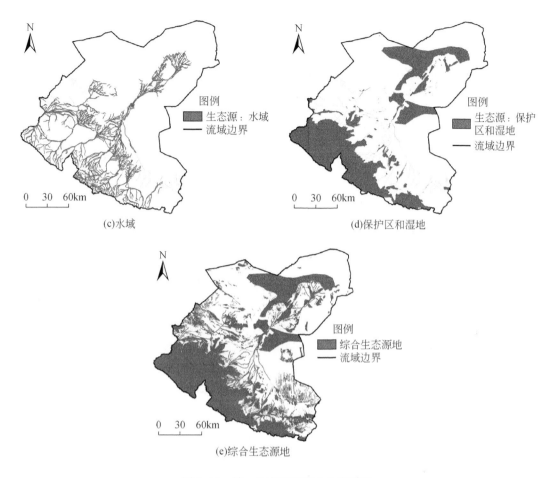

(c)水域

(d)保护区和湿地

(e)综合生态源地

图6.15 单一生态源及综合生态源地

（2）生活扩张源地提取

在生活用地中，主要指各类城乡建设用地，这里通过石羊河流域土地利用图提取各类建设用地，作为生活用地扩张源（图6.16）。

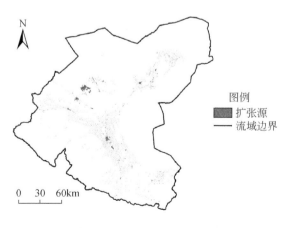

图6.16 生活用地扩张源

6.1.4.2 阻力表面的构建

生态用地和生活用地从生态过程来看，可视为对生态重要性的一种竞争关系，这种竞争需要克服一定的生态阻力，不同的自然环境、人文环境、土地利用类型和下垫面决定了二者具有不同的生态阻力，在生态用地和生活用地二者相互转化时所克服的阻力有所不同，为使两个过程在同一个标准下进行比较，需建立相同的阻力评价体系，不同的是分值的赋予应该是相反的。

本章从地形地貌、土地景观、土壤、生态敏感性、生态功能和生态系统价值 6 个方面建立阻力表面评价体系（表 6.6），其中地形地貌、土地景观、土壤是土地利用固有属性，反映土地利用空间分布受固有属性的约束的基本状况，生态敏感性、生态功能和生态系统价值是土地利用的外在生态属性，反映该地区受生态约束的能力。

表 6.6　阻力表面的综合评价指标

<table>
<tr><td rowspan="2" colspan="2">指标</td><td colspan="5">生态源阻力表面</td></tr>
<tr><td>1</td><td>2</td><td>3</td><td>4</td><td>5</td></tr>
<tr><td rowspan="2" colspan="2"></td><td colspan="5">生活扩张源阻力表面</td></tr>
<tr><td>5</td><td>4</td><td>3</td><td>2</td><td>1</td></tr>
<tr><td rowspan="3">固有生态属性因子</td><td>地形</td><td>高海拔区</td><td>较高海拔区</td><td>中等海拔区</td><td>较低海拔区</td><td>低海拔区</td></tr>
<tr><td>景观类型</td><td>水域</td><td>林地</td><td>草地</td><td>耕地</td><td>城乡建设用地、未利用地</td></tr>
<tr><td>土壤类型</td><td>寒冻土、黑钙土、草毡土、黑毡土、栗钙土</td><td>灌漠土、草甸土、灰钙土</td><td>黑土、灰棕漠土、风沙土</td><td>盐土、潮土、灰褐土</td><td>石质土、漠境盐土</td></tr>
<tr><td rowspan="2">外在生态属性因子</td><td>植被覆盖</td><td>高植被覆盖</td><td>较高植被覆盖</td><td>中等植被覆盖</td><td>较低植被覆盖</td><td>低植被覆盖</td></tr>
<tr><td>距离水体距离</td><td>近距离</td><td>较近距离</td><td>中等距离</td><td>较远距离</td><td>远距离</td></tr>
</table>

在构建过程源的阻力表面时，将每个评价指标划分为 5 个等级，通过重分类的方法分别赋值为 1，2，3，4，5；值越小，代表构建过程源在扩张过程中克服的阻力越小，反之越大；由于生态用地和生活用地是两个竞争过程，为使二者的竞争关系处于同一个标准体系，因此两个过程的赋值采用相反赋值方法，主要通过对比分析得到评价指标的相对重要度，在此基础上进行 5 个等级划分。

（1）生态源的阻力表面

对生态用地构建阻力面评价指标时通过固有属性和外在生态属性两类，其中固有属性由地形、景观类型和土壤类型三部分构成，地形用海拔分区来表达，景观类型主要指书中的土地利用六大类型，土壤类型依据石羊河流域土壤类型分布图，根据土壤质地和肥力情况进行等级划分。在对生态敏感性进行分析时，参考《环境影响评价技术导则　生态影响》（HJ 19—2022）所提供的分值和权重，采用坡度、植被覆盖度、气温、降水 4 个要素进行评价。在对生态功能进行分析时着重考虑对生态功能起重要影响的区域，将某些发挥着重要生态功能的区域，如自然保护区、水源涵养林区、基本农田保护区等纳入评价，本研究依据石羊河流域土地利用空间分布图、自然保护区、生态功能区划、基本农田保护区等要素进行等级划分。在对生态价值进行评价时，采用以 NDVI 和空间各像元距离水体像元的距离为基准的分类矩阵法来分析。生态源阻力表面的评价指标体系如表 6.7 所示，各阻力表面空间分布如图 6.17 所示，将各个阻力表面空间分布经过求和后根据值域大小分为 5 个等级，综合后的结果如图 6.18 所示。

表 6.7　生态源阻力评价体系及赋值

生态源阻力值			1	2	3	4	5
固有生态属性因子	海拔/m		>3500	2500~3500	2000~2500	1500~2000	<1500
	景观类型		水域	林地	草地	耕地	城乡建设用地、未利用地
	土壤类型		寒冻土、黑钙土、草毡土、黑毡土、栗钙土	灌漠土、草甸土、灰钙土	黑土、灰棕漠土、风沙土	盐土、潮土、灰褐土	石质土、漠境盐土
外在生态属性因子	生态源阻力值		1	2	3	4	5
	生态敏感性	植被覆盖/%	>70	50~70	30~50	10~30	<10
		坡度/(°)	>40	30~40	20~30	10~20	<10
		年均气温/℃	<3.0	3.0~6.0	6.0~9.0	9.0~12.0	>12.0
		年均降水量/mm	>400	200~400	100~200	50~100	<50
	生态源阻力值		1	2	3	4	5
	生态功能	生态功能区	自然保护区	湿地	基本农田	—	其他区域
		距水体距离/m	0~200	200~400	400~600	600~800	>800
	生态价值	NDVI >0.5	1	1	2	2	2
		0.3~0.5	1	2	2	3	3
		0.15~0.3	2	3	3	4	4
		0~0.15	2	3	4	4	5
		<0	3	4	5	5	5

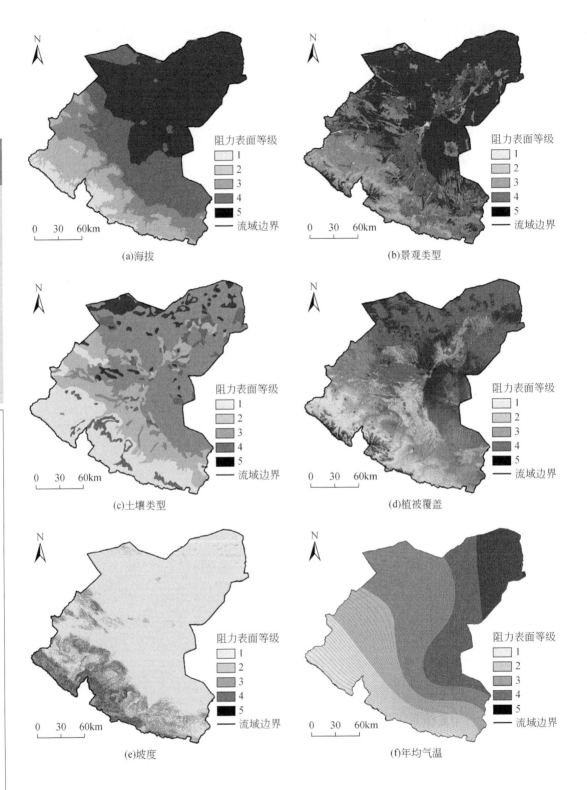

(a)海拔

(b)景观类型

(c)土壤类型

(d)植被覆盖

(e)坡度

(f)年均气温

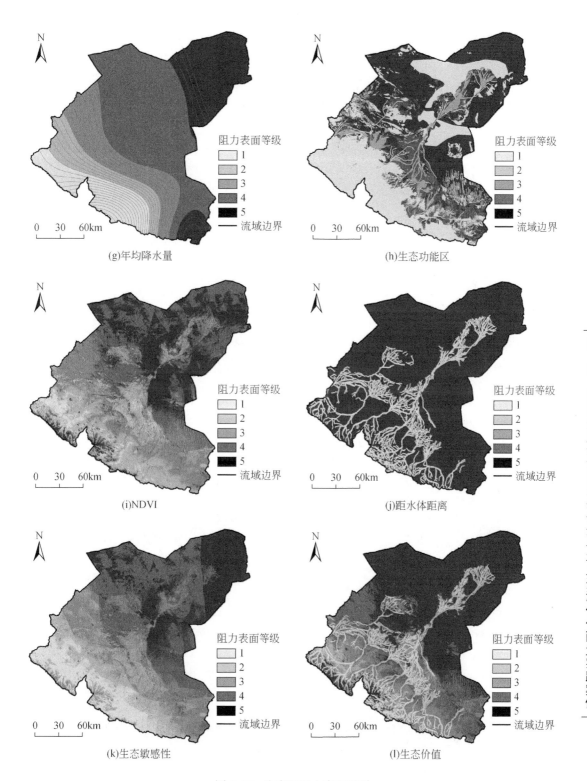

图 6.17　生态源阻力表面系列

(g)年均降水量

(h)生态功能区

(i)NDVI

(j)距水体距离

(k)生态敏感性

(l)生态价值

阻力表面等级
1
2
3
4
5
流域边界

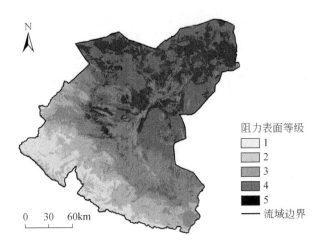

图 6.18 生态源综合阻力表面等级

（2）扩张源的阻力表面

对生活用地构建阻力表面评价指标时也通过固有属性和外在生态属性两类，其中固有属性包括地形、景观类型和土壤类型三部分；外在属性用以 NDVI 和空间各像元距离水体像元的距离为基准的分类矩阵法来表征。详细指标见表 6.8，各阻力表面等级空间分布如图 6.19 所示，综合后的阻力值空间分布如图 6.20 所示。

表 6.8 生活扩张源阻力评价体系及赋值

	生活扩张源阻力值	5	4	3	2	1
固有生态属性因子	海拔/m	>3500	2500～3500	2000～2500	1500～2000	<1500
	景观类型	水域	林地	草地	耕地	城乡建设用地、未利用地
	土壤类型	寒冻土、黑钙土、草毡土、黑毡土、栗钙土	灌漠土、草甸土、灰钙土	黑土、灰棕漠土、风沙土	盐土、潮土、灰褐土	石质土、漠境盐土
外在生态属性因子	距离水体距离/m	0～50	50～100	100～150	150～200	>200
	NDVI >0.8	5	5	4	4	4
	0.5～0.8	5	4	4	3	3
	0.2～0.5	4	3	3	2	2
	−0.2～0.2	4	3	2	2	1
	<−0.2	3	2	1	1	1
	生活扩张源阻力值	5	4	3	2	1
	水网密度	>0.7	0.5～0.7	0.3～0.5	0.1～0.3	<0.10
	路网密度	<0.15	0.15～0.3	0.3～0.45	0.45～0.6	>0.6

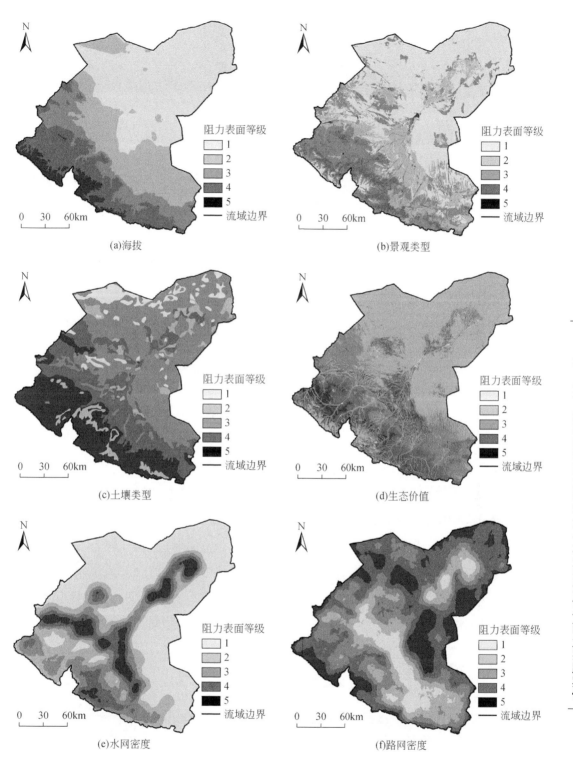

图6.19 生活扩张源阻力表面系列

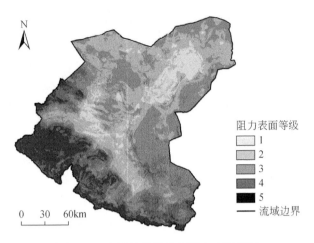

阻力表面等级
- 1
- 2
- 3
- 4
- 5

—— 流域边界

0　30　60km

图 6.20　生活扩张源综合阻力表面等级

6.1.4.3　累积耗费距离模型的实现

（1）最小累积阻力的计算

运用 ArcGIS 中的 Cost-Distance 模型分别计算两个过程的最小累积阻力表面值，并用生态保护用地最小累积阻力减去城镇用地最小累积阻力，得到两种阻力的差值表面，利用差值变化情况将其进行重分类，得到基于生态过程的土地利用优化分区结果。

（2）分区阈值的确定

如前所述，按照差值的大小可以将土地利用划分为两大类：小于 0 的部分作为适宜生态用地；大于 0 的部分作为适宜建设的生活用地。在此基础上可以进一步划分小类，生态适宜用地可进一步划分为禁止开发区和限制开发区，适宜建设用地可进一步划分为重点开发区、优化开发区和生态治理区。分区阈值由 MCR 差值与面积曲线的突变点来确定。由 MCR 差值表面可获得差值与栅格数目的关系图（图 6.21），从图中可以看出像元值小于 0 的部分在 A 处有一个突变点；像元值大于 0 的部分在 B 处有一个突变点，在 AB 之间有一个转折点 F，因此本研究以三个突变点为划分各类用地的阈值，根据该阈值图可将研究区划分为 5 个区域，具体如表 6.9 所示。

表 6.9　适宜用地划分标准

值域范围	划分类别	土地利用分类
≤−207 731.62	禁止开发区	生态用地
−207 731.62 ~ 0	限制开发区	
0 ~ 11 942.11	重点开发区	生活用地
11 942.11 ~ 28 975.35	优化开发区	
≥28 975.35	生态治理区	生态治理与土地开发综合区

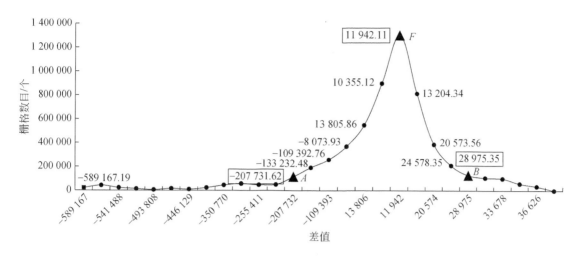

图 6.21　MCR 差值与栅格数目关系

6.1.4.4　结果及分析

（1）过程源累积阻力表面

通过计算得到两个过程的最小累积阻力表面空间分布图（图 6.22）。从图可以看出，生态源与生活扩张源的最小累积阻力空间分布差异较为明显，其中生态源累积阻力低值区主要集中在上游、中游和下游绿洲区。这些地方有三个特点：一是河网密布，水源相对比较丰富，尤其在上游出山口地区水量较大，地处祁连山国家自然保护区的核心区；二是这些地方植被覆盖度较高，上游地区是典型的水源涵养林分布区，中游和下游民勤盆地是绿洲农业区，石羊河流域八大支流从南至北汇聚，沿河林地、草地、耕地分布较多；三是海拔变化较为明显，从上游 5000m 以上到下游民勤盆地 1000m，高差达 4000m，海拔的变化使其地形地貌和植被类型等出现明显变化，也使其出现了明显的气候和植被垂直地带性分布。以上三个特点使得石羊河流域内部生态流和能量流交换传递的速度加快，因此其最小累积阻力较低，具体位置包括天祝县全部、古浪县以东大部分地区、凉州区中部和西部、民勤县城及周边区域、金川区大部和永昌县南部地区；高值区分布在古浪县以北、凉州区以东地区和民勤盆地以北的沙漠地区，这些地区沙地和荒漠广布，生态环境十分脆弱，其内部生态流和能量流传递十分有限，因此其累积阻力值较高，是生态治理的重点地区。

生活扩张源的累积阻力低值区主要分布在中下游绿洲腹地，包括凉州区城区及周边乡镇、金川区全部和民勤县县城及周边区域，这些地区既有丰富的水源，又有便利的交通，也有较为发达的农业系统和经济繁荣的城镇，承载着石羊河流域绝大多数人口，因此对于城镇发展而言，所受阻力值较小，适合城乡建设用地优化布局；而高值区从上游、中游和

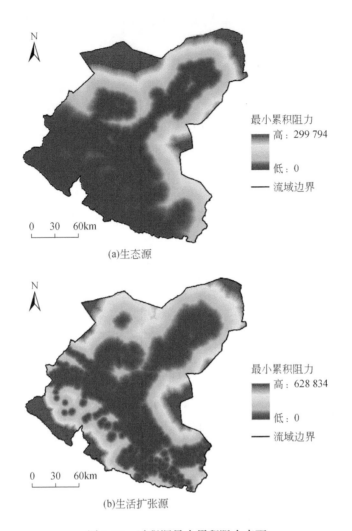

(a)生态源

最小累积阻力
高：299 794
低：0
—— 流域边界

最小累积阻力
高：628 834
低：0
—— 流域边界

(b)生活扩张源

图6.22 过程源最小累积阻力表面

下游均有分布，且分布较为集中，主要集中在上游祁连山高海拔地区，中游古浪县以北地区、凉州区以东地区，以及下游民勤县北部两大沙漠分布区。上游地区海拔高、气温低、植被茂密、冰川积雪覆盖，为人居环境不适宜区，其他累积阻力高值区生态环境恶劣，交通水源不便，也不适合人类居住，因此这些地方对于城镇发展，对于生活扩张源而言，其内部生态流、能力流所受阻力较大，因此其最小累积阻力也较高。

从生态源和生活扩张源值域分布来看，前者最大值为299 794，均值为45 322.68，而后者最大值为628 834，均值为94 915.90，可以看出生态源整体累积阻力小于生活扩张源累积阻力，说明在石羊河流域，城乡建设用地生态流和能量流内部传递交换的阻力远大于生态用地。从累积阻力高值区分布范围来看，无论是生态源还是扩张源，在民勤北部沙漠边缘广大地区其值都很高，证明这些地方生态阻力很强，应是生态治理的重点地区，从流域可持续发展来说，生态保护重要性大于城镇建设，该流域整体上以生态保护和沙漠治理为主。

（2）土地利用优化配置分区

通过 ArcGIS10.4 栅格计算器，用生态用地最小累积阻力减去城镇用地最小累积阻力，得到两种阻力的差值表面（图6.23）。通过阈值将其差值进行重分类，得到基于生态过程和生态格局的土地利用优化配置分区，通过统计各分区的面积及百分比（表6.10），得到生态用地和城乡建设用地空间配置分区（图6.24）。

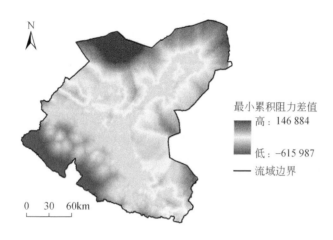

图 6.23　最小累积阻力差值表面

表 6.10　土地利用优化配置分区统计表

划分类别	面积/km²	占比/%	土地利用分类
禁止开发区	6269.47	15.45	生态用地
限制开发区	9473.63	23.35	
重点开发区	9864.03	24.31	生活用地
优化开发区	6606.41	16.28	
生态治理区	8365.31	20.61	生态治理与土地开发综合区

从图6.23可以看出，二者差值负值分布在高海拔地区，这一区域对于生态源来说其累积阻力较小，而对于生活扩张源来说其累积阻力很大，因此二者之差其值也最低；二者差值正值主要分布于石羊河流域北部沙漠地区，这些地区对于生态源和扩张源其累积阻力都较高，但生态源累积阻力高值区的像元多于生活扩张源。

从图6.24可以看出，石羊河流域各类用地空间分布差异较大。其中禁止开发区主要分布在上游祁连山地区和高海拔地区，面积约6269.47km²，占流域总面积的15.45%。这里森林密布、积雪覆盖、河网交织、四季如冬，是祁连山国家级自然保护区核心地带，因

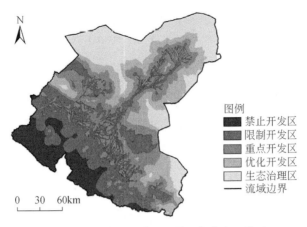

图 6.24　石羊河流域土地利用优化配置分区

此是生态保护的核心区，因此该区应该加大保护力度，禁止从事矿产开发和破坏环境等行为。

限制开发区主要分布在天祝县北部、凉州区南部和中部、古浪县北部、金川区北部及民勤绿洲盆地，总面积为 9473.63km²，占流域总面积的 23.35%，这些地方主要由灌木林、天然草地和农业绿洲组成，是绿洲和水源涵养林的生态过渡区，是连接上、中、下游的媒介，也是保障全流域生态安全的屏障，因此应该在保护的基础上合理利用，防止出现过度开发。

重点开发区主要分布在中游凉州区城镇中心及周边区域、金川区大部分地区及永昌县北部地区、民勤县城及周边地区，总面积达 9864.03km²，占全流域总面积的 24.31%，是 5 个分区中面积最多的区域。重点开发区主要包括现已开发的城市建成区和重点建设的乡镇以及周边具有开发和发展潜力的区域，是今后作为城乡建设用地重点开发建设的区域。

优化开发区分布在重点开发区和生态治理区的过渡地带，这些区域主要分布在各县城、凉州区以及金川区的周边，土地利用类型既包括少量质量较差的耕地，也包括裸地和沙地，是今后进行土地整治、土地开发的重点区域，也是今后城乡建设用地扩展和发展工业的后备用地，面积为 6606.41km²，占全流域总面积的 16.28%。优化开发区的土地资源应该根据不同的地区和土地资源特点制订合理的土地利用、土地整治和土地开发规划，并作为土地后备资源放眼长远，着眼未来。

生态治理区主要分布在古浪县北部、凉州区东北部及民勤北部广大沙漠地带，这些区域土地利用类型为未利用地，不但是生态脆弱区、沙漠治理区，也是未来进行生态恢复、生态产业发展的重点地区，其面积为 8365.31km²，占全流域总面积的 20.61%。生态治理区今后应加强治理力度，在人工参与治理的基础上，积极探索自然生态恢复，并在此基础上尝试生态产业和产业链发展。

6.2 黑河流域绿洲区生态安全与水土资源优化配置方法与策略

黑河流域同样是河西走廊的三大内陆河流域之一，生态环境问题显著，对于其生态环境的评价与保护刻不容缓，同时，为便于与石羊河流域绿洲区的水土优化配置方案进行对比分析，本节采用 MCR 模型与电路模型综合分析黑河流域的水土优化配置方案。

6.2.1 黑河流域绿洲区生态环境基本问题

黑河是我国第二大内陆河，地处青藏高原和蒙古高原的过渡地带，发源于青海省祁连山北麓，流经青海、甘肃、内蒙古 3 省区的 11 县（区、旗），消亡于内蒙古额济纳旗的东、西居延海，干流全长约 821km，流域面积约 13 万 km²。黑河流域属于典型的干旱区气候，多年平均降水量为 400mm，多年平均潜在蒸散量为 1600mm。流域自南向北可分为上游祁连山地、中游走廊平原和下游阿拉善高原 3 个地貌单元。莺落峡以上为上游，地势高峻，气候严寒湿润，海拔 4000m 以上的山脉发育有现代冰川，出山径流主要来源于山区的大气降水，冰川融水补给约占全部水量的 3.6%，上游山地是流域产流区和水源涵养区，以牧业为主，人均收入较高。莺落峡和正义峡之间为中游，地处河西走廊，地势平坦，气候干旱，生态脆弱，也是整个流域绿洲最为集中、经济最为发达的地区，黑河流域主要城镇也都分布于中游的各大绿洲之中。正义峡以下为下游，为开阔平坦的盆地，除额济纳绿洲外，大部分地区为荒漠、沙漠和戈壁，气候极度干旱。

对于类似黑河流域正处于水土资源大规模开发利用，生态环境正在恶化，但尚未达到灾难性破坏的程度，如何在充分认识生态环境演变规律的基础上，采取科学有效的措施遏止生态环境的继续恶化，建立经济、社会与生态环境可持续的发展模式，是当前干旱区资源与环境研究的重要课题。在黑河流域，由于中上游水土资源的大规模开发利用和缺乏有效的水资源统筹规划与管理措施，现阶段以土地沙漠化、植被退化为代表的生态环境恶化问题在全流域范围内迅速扩展，尤以流域下游情势更为严峻，不仅严重影响到下游荒漠绿洲的生存，而且对整个流域的生态安全构成威胁。纵观流域存在的生态环境问题，具体在上中下游地区的表现可分述如下。

（1）上游问题：水资源供需失衡与植被退化

上游区域主要位于青海省和甘肃省的祁连山地区，这里是黑河流域的水源涵养区，降水量相对较多，但由于地形复杂，水资源的分布并不均匀。祁连山地区由于降水量相对丰富，成为了黑河的主要水源地。然而，近年来由于气候变化和人类活动，降水模式发生变化，导致水资源的供需失衡。冰川退缩、雪线上升等现象使得河流的补给减少，加之上游地区农业灌溉和工业用水需求增加，导致水资源紧张。上游地区的高山草甸和森林是重要的水源涵养区，但由于过度放牧及林地开垦等人类活动，植被覆盖率明显下降，植被类型单一，草地和林地退化严重。这不仅影响了水源涵养功能，还加剧了水土流失和土地荒漠化。因此，上游地区的主要生态环境问题是以草原秃斑地和草地沙化、杂毒草蔓延、草地生产力下降、珍稀生物物种数量减少为主要标志的草地退化，以及冰川面积减少、冰川末端波动后退。但目前针对山区水源涵养林草与生物多样性保护的专门性研究工作十分薄弱，需要加强研究。

（2）中游问题：土地荒漠化与生物多样性减少

中游区域主要位于甘肃省的张掖市和酒泉市一带，这里是黑河流域的农业灌溉区，经济发展相对较快，面临着严峻的生态环境问题。中游区域的荒漠化问题尤为突出，由于长期以来的过度开垦和不合理的土地利用，耕地面积不断扩大，草地退化，土地沙化严重。农业灌溉用水量大，导致地下水位下降，加剧了土地荒漠化的进程。根据相关统计数据，近年来中游地区的荒漠化土地面积不断增加，已严重影响了农业生产和生态环境。中游地区是许多动植物的栖息地，但由于环境压力和人类活动，生物多样性面临威胁。因湿地退化、河流断流、植被破坏，导致许多动植物种群数量减少，部分物种濒临灭绝。尤其是黑河湿地国家级自然保护区，生物多样性保护面临巨大挑战。

（3）下游问题：河流断流与环境污染

下游区域主要位于内蒙古自治区的额济纳旗一带，是黑河流域的末端绿洲区，这里生态环境极为脆弱，受到上游来水量的直接影响。下游区域的河流断流问题十分严重，尤其是在农业灌溉季节，上游大量用水直接导致下游河道水量减少，甚至断流。额济纳河断流现象频繁发生，使得湿地面积锐减，对当地生态环境造成严重影响，额济纳旗绿洲的维持面临巨大挑战。随着经济发展和人口增长，下游区域的环境污染问题日益突出：农业生产中大量使用化肥和农药，造成土壤和水体污染；生活污水和工业废水处理不当，导致水质恶化；生活垃圾和工业固废处理不当，污染土壤和水体；等等。这些污染问题对人类健康和生态环境构成了严重威胁。下游地区是黑河流域生态环境恶化最为严重的区域，集中表现在终端湖泊消失、众多天然河道废弃并导致绿洲内部沙源增多、天然绿洲萎缩、土地沙漠化发展迅速、地下水位下降及生物多样性减少等，这不仅使得本区域环境恶化、生物物种减少、经济与社会稳定发展受到严重制约，而且已威胁到整个流域的生态安全和国防建设的环境保障。整个流域的生态环境结构、生态功能变化的趋势，正如当地居民总结的"沙漠向农区推进，风蚀区向耕作区推进，农业区向牧业区推进，牧业区向林区推进，雪线向主峰推进"。

黑河流域绿洲区的生态环境问题呈现出明显的区域差异性。上游区域主要面临水资源供需失衡和植被退化的问题，中游区域主要是土地荒漠化和生物多样性减少的问题，而下游区域则面临河流断流和环境污染的问题。因此针对黑河流域的这些生态环境问题，要从整个流域的角度出发，本着统筹兼顾、共同发展的原则，合理分配水资源，提高水资源利用效率，推广节水灌溉技术，确保下游生态用水需求。在上游地区开展植树造林和草地恢复工程，提高植被覆盖率；在中游地区防治荒漠化，保护和恢复湿地生态系统；在下游地区集约节约用水，提高生态用水效率。建立和扩大自然保护区，实施生态补偿机制，保护珍稀动植物栖息地。

6.2.2 黑河流域绿洲区生态安全变化主要因素分析

黑河流域处于青藏高原和蒙古高原的交汇地带，地形复杂，气候干旱少雨，全流域呈现高山、绿洲、戈壁、沙漠断续分布的自然景观，生态环境脆弱。其流域生态环境的健康发展对整个河西走廊地区的经济发展和生态安全至关重要。然而受人类活动、社会经济发展的影响，流域出现的森林面积减少，土地沙漠化与盐碱化、水环境污染等严重的生态问题。特别是近年来，黑河流域高强度过牧、天然林木砍伐及经济建设等人类活动剧烈，致使流域内土地沙化、绿洲萎缩、自然灾害频发，对当地生态环境系统造成严重干扰，生态系统呈现从结构性破坏向功能性紊乱演变的发展态势，区域生态压力巨大。因此，要针对黑河流域的生态环境问题，重新优化配置流域水土资源，使得流域可以发挥最大的生态效益，确保流域整体的生态安全。影响黑河流域生态安全的主要因素包括以下几个方面。

（1）干旱的气候对生态环境造成不利影响

干旱是限制该流域经济与社会发展的主要障碍，也是造成其生态环境极度脆弱的主要原因。黑河流域所处的地带属于温带气候区和暖温带偏干旱荒漠气候交汇地带，年降水量中游地区为100～200mm，下游地区低于60mm，在终端湖区，甚至不足40mm。黑河流域的额济纳旗地区年均降水量仅为50mm左右，而年均蒸发量则高达1500mm以上。这种降水量与蒸发量的差异导致了该区域的水资源极为紧张，干旱气候对植被生长、土壤质量和水体维持产生了直接影响。干旱气候导致的水资源不足直接影响了绿洲区的植被覆盖和土壤质量。河西走廊位于青藏高原北侧，在大地形边缘下沉气流和亚洲东岸西北气流控制之下，是世界上同纬度最干旱的地区之一，过去几十年中该地区的植被覆盖率显著下降。2000年时，河西走廊的植被覆盖率为35%，而到2020年已降至25%。植被的减少使得土壤暴露在风沙的侵蚀下，导致了严重的土壤退化和沙漠化。此外，干旱气候还导致了土壤的盐碱化。由于降水不足，土壤中的盐分无法被冲刷和稀释，逐渐积累。研究显示，黑河流域的部分地区土壤盐碱化程度已达到20%以上，进一步削弱了土壤的生产力，并对农业生产造成了严重影响。干旱气候加剧了水资源的紧缺问题，黑河流域内的水体，如湖泊和河流，受到严重影响。黑河流域的主要湖泊——沙湖，其面积在从20世纪80年代的1200km^{2}减少到2020年的700km^{2}左右。这一变化主要是由于降水减少和蒸发量增加，导致湖泊水位下降，影响了湿地生态系统的稳定性。此外，干旱气候还影响了地下水的补给。额济纳旗的地下水位在过去30年中已下降了约15m。地下水位的下降不仅减少了水源的可利用性，还影响了绿洲区的生态系统稳定。干旱气候对黑河流域绿洲区的生物多样性造成了不利影响。由于植被减少和水体萎缩，该地区的动物栖息地受到威胁。黑河流域曾经是大量水鸟的栖息地，但随着湿地面积的减少，鸟类的栖息条件恶化，部分物种的栖息地已经消失。

干旱的频繁发生和长期持续，不但会给社会经济，特别是农业生产带来巨大的损失，还会造成水资源短缺、荒漠化和草场退化加剧、沙尘暴频发等诸多生态和环境方面的不利影响。此外，气候暖干化还会造成湖泊、河流水位下降，甚至干涸和断流。由于干旱缺水造成地表水源补给不足，只能依靠大量超采地下水来维持居民生活和工农业发展，导致地下水位下降、漏斗区面积扩大、地面沉降等一系列环境问题，极大地影响着流域的生态安全。

（2）水资源的开发利用方式制约着生态安全

20世纪以来，尤其是20世纪80年代至21世纪初，随着流域气候变暖及人类对水土资源需求量的增加，流域生态环境荒漠化演变程度达到历史顶峰，荒漠化范围扩展到了流域上游的祁连山区，全流域生态环境破坏严重，各种生态环境问题凸显，如山区林地锐减、冰川雪线上升、河湖断流干涸、自然植被退化等。引起土地荒漠化的深层次原因是人类占用了过多的自然资源，其核心动力是流域水资源量的变化及利用方式。据统计，黑河流域的多年平均水资源量为23亿m^3，其中大部分用于农业灌溉。2000年黑河流域的农业灌溉用水量达到了18m^3，约占水资源总量的78%。过度开发使得流域内的水资源趋于枯竭，对生态系统造成了严重影响。在黑河流域绿洲区，尤其是在甘肃的河西走廊、内蒙古的额济纳旗等地，水资源的利用对农业生产至关重要。这些地区的农业主要依赖地下水和地表水。然而，由于过度抽取地下水，这些区域的地下水位逐年下降。根据 2015 年的统计数据，额济纳旗的地下水位已下降了 $10\sim20\mathrm{m}$。地下水的枯竭直接导致了绿洲区植被覆盖率的减少，并影响了生态系统的稳定性。水资源的过度利用对生态环境产生了深远的影响。首先，绿洲区植被覆盖率的减少直接导致了土壤的退化和风沙的增加。近年来，黑河流域的植被覆盖率从 2000 年的 37% 下降到 2020 年的 28%。植被覆盖率的减少使得土地容易受到风蚀和水蚀，进一步加剧了沙漠化进程。其次，水资源的不足还影响了生态系统中的水体，包括河流和湖泊。黑河流域内的湖泊面积在过去几十年中显著缩小。以沙湖为例，20 世纪 80 年代沙湖的面积还有 $1200\mathrm{km}^2$ 左右，而到 2020 年已减少到 $700\mathrm{km}^2$ 左右。湖泊面积的缩小不仅减少了湿地生态系统的栖息地面积，还影响了水鸟等生物的栖息和繁殖。

多年来，黑河中游地区农业持续发展，对黑河中游水资源的开发利用加大，导致下游生态用水日益紧缺，引发生态退化。同时，黑河来水时空分布不均，河水下泄时间集中在秋末冬初非灌溉期，春夏时节植物需水关键期无水资源补给，致使额济纳绿洲植被用水合理需求得不到满足，导致植被退化，水源涵养能力下降，环境问题突出。

（3）不合理的人类活动对社会经济造成威胁

黑河流域绿洲区的农业依赖地下水和地表水资源。然而，由于过度抽取地下水，水资源的可持续性受到了严重威胁。额济纳旗地下水位在过去 30 年中下降了约 15m。根据 2020 年的调查，额济纳旗的地下水年抽取量达到 1.5 亿 m^3，而该地区的地下水补给量仅为 0.8 亿 m^3。地下水的枯竭不仅影响了绿洲区的农业生产，还导致了生态系统的退化，如湿地面积减少和植被覆盖率下降。

为了满足人口增长和经济发展的需求，黑河流域绿洲区进行了大规模的土地开发，包括城市扩张、工业用地和农业扩张等。然而，这种开发往往忽视了环境承载能力。河西走廊在过去 20 年中，耕地面积扩大了约 30%。虽然农业产值增加了，但这种扩张导致了土壤的退化和水资源的紧张，生态环境的承载力显著降低。放牧是黑河流域绿洲区传统的经济活动之一，但过度放牧造成了严重的草地退化。以内蒙古的乌拉特前旗为例，该地区的草地面积在过去 30 年中减少了约 25%。过度放牧导致了草地植被的退化，土壤的侵蚀和沙漠化现象加剧。这不仅对生态系统造成了压力，还影响了牧民的生计和区域经济的可持续发展。黑河流域的工业发展虽然推动了经济增长，但也带来了严重的环境污染。例如，化工厂和一些矿业企业的废水和废气排放对水体和空气造成了污染。根据 2019 年的报告，兰州地区的水体污染物浓度超标达到了 30% 以上。工业污染不仅影响了水质和空气质量，还对农业生产和居民健康构成了威胁。环境污染和生态破坏带来了巨大的环境治理成本。黑河流域的污染治理需要大量的财政投入和技术支持。以兰州地区为例，近年来每年投入的环境治理资金已超过 10 亿元。然而，治理效果和环境改善的速度仍然难以满足实际需求，这增加了地方政府和企业的经济负担。

流域上游地区由于追求短期经济效益，煤炭、矿山开采、小水电建设、超载放牧、围湖造田、毁泉开荒等人为不合理活动，造成天然林草资源破坏，水土流失严重，水源涵养下降。中下游地区由于农作物种植面积不断扩大，需水量不断增多，造成可利用地表水减少，地下水开采量不断加大，地下水下降引起部分防护林干枯死亡。同时，农业面源污染严重，耕地质量下降，农民增收困难；土地"三化"严重，牧草产量下降，载畜能力降低。2000～2008 年，黑河流域荒漠化土地面积由 721 213.33hm² 增加到 781 613.33hm²，湿地面积不断萎缩，荒漠化加剧，给黑河流域中下游地区工农业生产和经济社会发展造成了严重威胁。

（4）土地利用变化影响黑河流域生态安全

农业扩张是黑河流域土地利用变化的主要驱动力之一。随着人口增长和粮食需求增加，上游和中游地区不断扩大耕地面积，侵占了大量天然草地和林地。这种变化对生态环境造成了多方面的影响。根据相关统计数据，近年来黑河流域中游地区的耕地面积显著增加。以张掖市为例，2010～2020 年，其耕地面积增加了约 10%，达到了 70 万 hm²。这种大规模的农业扩张不仅导致了土地资源的过度利用，还对当地的水资源造成了巨大压力。农业灌溉用水量占张掖市总用水量的 90% 以上，导致地下水位显著下降，平均每年以约 0.5m 速度下降。农业扩张过程中，大量使用化肥和农药，导致土壤退化和盐渍化问题日益严重。据统计，张掖市的盐渍化土地面积已达到 20 万 hm²，约占耕地总面积的 28%。土壤盐渍化不仅降低了土地生产力，还影响了农作物的生长，进一步加剧了生态环境的恶化。

随着经济发展，黑河流域的城市化进程不断加快，城市建设用地不断扩展，对绿洲区的生态安全产生了深远影响。以嘉峪关市为例，2010～2020 年，其城市建设用地面积增加了近 30%，达到 50km²。城市化带来了大量人口和工业的聚集，增加了对水资源和土地资源的需求。城市建设占用了大量农田和生态用地，导致原有的自然景观和生态系统受到破坏。城市化过程中，工业废水和生活污水处理不当，导致水体污染问题严重。嘉峪关市的工业废水排放量每年约为 2000 万 m³，而污水处理能力却远远不足，导致许多河流和地下水体受到污染。环境污染不仅影响了人类健康，还对生态系统造成了不可逆转的破坏。

草地是黑河流域绿洲区的重要生态资源，但由于过度放牧和土地开垦，草地退化问题日益严重。以肃南县为例，近年来由于过度放牧和农业开垦，草地面积显著减少。2010～2020年，其草地面积减少了约15%，导致土壤侵蚀和沙化现象加剧。根据监测数据，肃南县每年新增沙化土地面积约为5000hm²，严重影响了区域生态系统的稳定性。草地退化导致植被覆盖率下降，草地的生态功能减弱。肃南县的草地植被覆盖率从2010年的60%下降到2020年的45%。草地质量下降不仅影响了畜牧业的发展，还导致水土流失加剧，进一步加剧了土地荒漠化问题。

6.2.3 数据源及预处理

在进行黑河流域生态安全格局构建时，首先要对相关的数据进行收集并处理，本章主要用到的数据及预处理方法如下。

1）土地利用数据：来自武汉大学杨杰和黄昕的研究成果，该数据为逐年栅格数据（数据网址：https://doi.org/10.5281/zenodo.4417810），空间分辨率为30m，共包含9个地类，分别为耕地、林地、灌木、草地、水体、冰/雪、裸地、不透水面以及湿地。参照现有的土地利用分类标准，将其重分划分为6个地类。

2）黑河流域边界数据、水系数据等矢量数据均来源于国家青藏高原科学数据中心（https://data.tpdc.ac.cn），流域边界数据采用2005年的成果；道路数据来源于国家基础地理信息中心（http://www.ngcc.cn/）。

3）数字高程模型（DEM）：来源于地理空间数据云的SRTMDEM高程数据集（https://www.gscloud.cn/），空间分辨率为90m。在ArcGIS 10.4平台上，基于DEM数据提取坡度。

4）气温、降水栅格数据来源于国家地球系统科学数据中心（https://www.geodata.cn/），为逐月栅格数据。对于气温与降水数据，分别求取均值与求和，获得年气温与年降水数据，空间分辨率均为1000m；人口密度数据来源于Worldpop数据集（http://www.worldpop.org/），为1000m的空间分布数据。

5）NDVI数据基于Google Earth Engine云计算平台，分辨率为30m，利用全年的Landsat8遥感数据，通过系列数据预处理和平滑等方法，求取每个像元一年中的NDVI最大值，获得最终的年NDVI值。

6.2.4 源地选取

(1) 生态源地提取

黑河流域上游为祁连山地区，是重要的流域产流区和水源涵养区。在构建黑河流域生态源时，通过结合其生态环境现状与生态源地选取规则，选取了林地、草地、水域以及保护区和湿地等自然生态条件较好的斑块作为生态源。由图 6.25 可以看出，黑河流域的林地数量较少，以分布在流域南部的祁连山地为主，这些林地是提高水源涵养能力的关键；草地分布范围较广，遍布在流域南部的祁连山地，同时沿着黑河水系边缘分布，对于减缓土地沙化具有重要意义；水域主要包括黑河干流、支流及湖泊，是流域农业生产发展必不可少的要素；自然保护区和湿地则主要包括祁连山水源涵养林保护区、东大山森林生态系统保护区、黑河湿地保护区以及额济纳胡杨林及荒漠生态系统保护区。

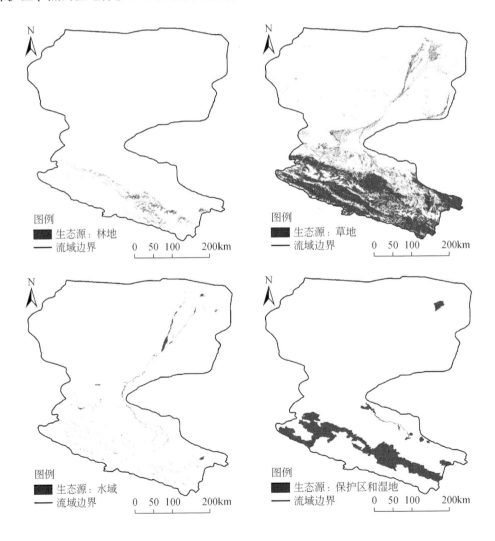

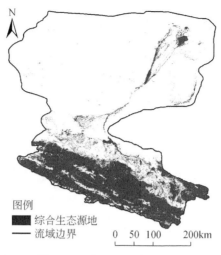

图例
■ 综合生态源地
— 流域边界

0 50 100 200km

图 6.25　单一及综合生态源

将各个单一的生态源合并，求得最终的综合生态源地。研究总共识别出 75 块生态源地斑块，总面积为 35 498.16km²，约占据黑河流域总面积的 24.8%。综合生态源斑块主要位于黑河流域南部的祁连山地及沿着黑河水系分布。这些斑块生态条件较好，在维护生态系统、守护流域生态底线方面发挥了重要的作用。

（2）生活扩张源地提取

生活扩张源地是经济活动的重要发生地，具有蔓延、聚拢等特征，一般指各类建设用地。生活用地和生态用地空间扩张互侵是一种时空同步的竞争性控制过程，通过克服阻力实现并反映出土地利用类型及生态安全变化趋势。因此，本章基于 2020 年的土地利用数据，提取黑河流域的各类建设用地，作为其扩张源。由图 6.26 可知，黑河流域的扩张源

图例
■ 扩张源
— 流域边界

0 50 100 200km

图 6.26　生活用地扩张源

数量较少，主要分布在流域的东北、西南及东南区域。

6.2.5 阻力面构建

阻力面是对现实环境中物种迁移难易程度进行模拟的模拟面，代表了物种在穿越不同的景观单元或生态斑块时受到的阻碍程度。依据相关研究中对于生态源阻力表面和扩张源阻力表面的指标因子选择，结合黑河流域生态现状和社会经济发展水平，针对黑河流域的生态源地和生活扩张源地，依据不同目标选择与生态源和扩张源扩张过程相关程度高的影响因子，并采用相应的加权求和方法构建最终的生态源和扩张源阻力面模型。

(1) 生态源阻力表面

黑河流域是我国第二大内陆河，地形地貌差异大，流域自南向北分为山地、平原及高原。相应地，景观类型之间也有很大差异。因此，在构建生态源的阻力面时，首先考虑了黑河流域本身条件的影响，从自然本底方面选取了海拔、坡度、土地利用类型三个因子，来代表自然环境本身的属性与状态。同时，黑河流域属于典型的干旱区气候，具有降水稀少、蒸发强烈、温差大、植被覆盖地带分异明显等特点。因此，在生态因子的选取上，通过综合考虑这些自然要素差异，选取了距水体距离、降水、气温以及植被覆盖度来进行评估，这些因子也代表了外界环境的状态对黑河流域水土资源的影响。依据各个指标因子对生态环境的影响状态，对各个阻力因子进行重分类，并赋值为 1~5（表 6.11）。逐个计算各个指标因子，并运用空间主成分分析法进行综合，得到综合的生态源阻力面。

表 6.11　生态源阻力面综合评价指标体系

指标		阻力因子				
		1	2	3	4	5
自然本底	海拔/km	<1	1~2	2~3	3~4	>4
	坡度/（°）	<5	5~10	10~20	20~30	>30
	土地利用类型	林地/水体	草地/湿地	耕地	未利用地	建设用地
生态因子	距水体距离/km	<1	1~2	2~3	3~4	>4
	降水/mm	>400	200~400	100~200	50~100	<50
	气温/℃	<-5	-5~0	0~5	5~8	>8
	植被覆盖度/%	>70	50~70	30~50	10~30	<10

黑河流域生态源的阻力面结果如图 6.27 所示，阻力水平由低到高总共被划分为五个等级水平。从各阻力因子的空间分布格局来看，除海拔、坡度外，其他阻力因子均呈现出

南部阻力值低、北部阻力值高的特点。流域南部为祁连山地，地形起伏大，坡度大，林草茂盛，降水充沛，且为黑河流域的发源地，因此南部整体的阻力值低，而北部以稀疏土地为主，降水不足，林草稀少，植被覆盖程度低，阻力值较高。

整体上看，生态阻力也呈现出南部阻力值低，中部中等，北部高的空间格局。阻力值低的地方位于南部祁连山地，中等阻力值主要沿着黑河水系分布，阻力值高的地方主要位于研究区中部和北部。

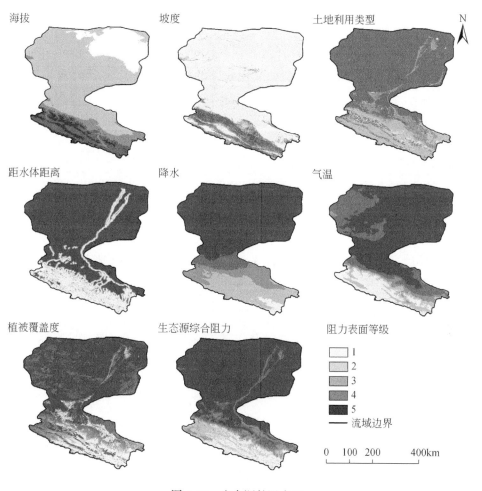

图6.27　生态源的阻力面

（2）生活扩张源阻力表面

生态过程适宜度越高的地方，阻力值越低，生活扩张过程则相反。因此，对于自然本底以及生态因子的阻力面赋值与生态源阻力面的赋值则相反。生活扩张源指各类城乡建设用地，人类活动对其影响不容忽视。因此，对于生活扩张源的阻力表面，要加入表征人类社会活动的相关阻力因子，距主要道路距离以及人口密度反映了人为活动对社会经济及生活用地扩张的影响。综上，最终从自然本底、社会条件以及生态因子三方面构建了生活扩张源的阻力因子。其中，自然本底因子包括海拔、坡度、土地利用类型；社会条件因子包括距主要道路距离、人口密度；生态因子包括距水体距离、植被覆盖度。将各个阻力因子依据其对建设用地扩张源的影响，分别赋值为1~5（表6.12），并运用空间主成分分析进行因子的综合。

指标		阻力因子				
		5	4	3	2	1
自然本底因子	海拔/km	<1	1~2	2~3	3~4	>4
	坡度/（°）	<5	5~10	10~20	20~30	>30
	土地利用类型	林地/水体	草地/湿地	耕地	未利用地	建设用地
社会条件因子	距主要道路距离/km	>10	5~10	3~5	1~3	<1
	人口密度/（人/km²）	0~50	50~500	500~1500	1500~4000	>4000
生态因子	距水体距离/km	<1	1~2	2~3	3~4	>4
	植被覆盖度/%	>70	50~70	30~50	10~30	<10

从生活扩张源的阻力面空间分布状态来看（图6.28），其与生态源的阻力面空间分布特征相反，海拔、坡度的阻力呈现为北部高、南部低的状态；土地利用类型、距水体距离、植被覆盖度的阻力呈现南部高、北部低的空间分布特点；人口密度的阻力低值分布较少，主要位于研究区的中南部，阻力高值分布较广。

整体上来看，生活扩张源的生态阻力呈现南部阻力值低、北部阻力高的特点。阻力值最高的地方主要处于流域北部的裸地上，阻力值相对较高的地方则主要沿着道路分布，阻力值中等的地方沿着黑河水系分布，而阻力值低的地方则依旧位于南部祁连山地。

（3）建立最小累积阻力表面

基于生态源地、生活扩张源地及它们的综合阻力面，利用ArcGIS中的Cost Distance计算两个过程的最小累积阻力表面。图6.29展示了两个最小累积阻力表面的空间分布特征，其中，图6.29（a）为生态源的最小累积阻力表面，图6.29（b）为生活扩张源的最小累积阻力表面。一般情况下，距离源地距离越近，所受到的阻力值越小。

从图6.29可以看出，生态源与生活扩张源的累积阻力值空间分布趋势基本一致。生态源的累积阻力低值主要分布在黑河流域的上游祁连山地，沿着黑河水系逐步延伸到中下游，这些地方的植被覆盖率较高，上游祁连山是重要的水源涵养区和黑河发源区，黑河水系自南向北汇聚贯穿，沿河耕、林、草分布密集，因此最小累积阻力值低。生态源的累积阻力高值主要分布在黑河流域的西北部，这些区域大多位于金塔县、额济纳旗、肃北蒙古

绿洲区

生态安全与水土资源优化配置策略

族自治县内，是生态治理的重点区域。生活扩张源的累积阻力低值主要分布在黑河流域的嘉峪关市、肃州区、甘州区、高台县等县市及周边区域，水源丰富，交通便利，城市扩张受到的阻力值小，适合城市用地优化布局。阻力高值主要集中在流域西北部的额济纳旗境内，该区域沙漠广布，生态环境恶劣，城市扩张的阻力强，对于城镇发展、人类居住都是不适宜的。

从两个源地最小累积阻力表面的值域分布情况来看（图6.29），生态源的最大值为231 417，均值为33 670.36，扩张源的最大值为404 498，均值为97 502.54，生态源的整体累积阻力值小于扩张源的累积阻力，说明在黑河流域，城乡建设用地内部生态流和能量流交换传递的阻力远大于生态用地。而在流域的西北荒漠区域，生态源与生活扩张源的累积阻力值均比较高，生物迁徙受到的阻力大，在这些区域，应对受到风沙侵害的区域进行重点治理，确保其原有的生态植被能充分发挥其生态作用。

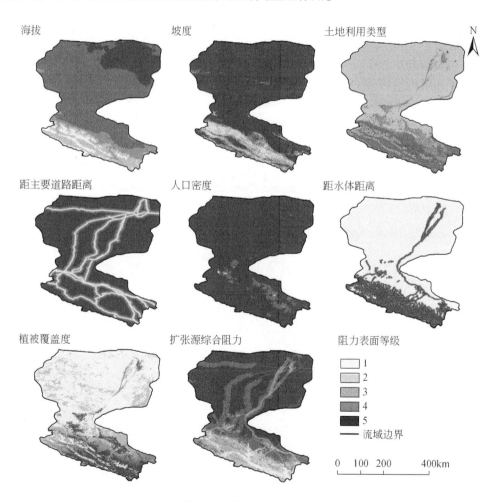

图6.28 扩张源的阻力面

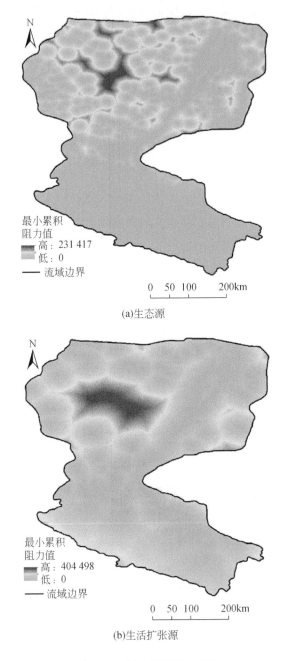

(a)生态源

(b)生活扩张源

图6.29 最小累积阻力表面

6.2.6 生态安全分区

对同一用地斑块来说，生态源与生活扩张源受到生态系统功能的作用相反，生活用地扩张过程受到生态系统功能的约束，生态用地扩张受到生态系统功能的推动。因此基于该原理，以生态扩张与生活扩张的最小累积阻力值差值作为生态安全分区的划分依据。在 ArcGIS 10.4 平台上，运用栅格计算器作减法运算，得到二者阻力的差值表面。从图 6.30 可以看出，累积阻力的最低值为 -395 910，最高值为 144 939，其均值为 -63 814.3。累积阻力低值为图中的黑色区域，主要分布于额济纳旗的西南部以及东南部，该区域内生态源的最小累积阻力值小于生活扩张源的最小累积阻力值，生活扩张过程受到的阻力值更大。累积阻力高值分布相对较广，流域内均有分布，最北部阻力值最高并且呈不连续分布，这部分区域生态过程受到的阻力值更大。

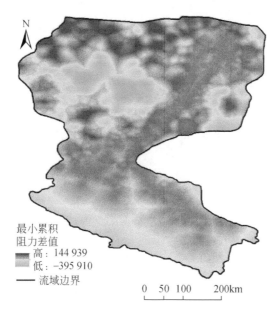

最小累积
阻力差值
■ 高: 144 939
□ 低: -395 910
—— 流域边界

0 50 100   200km

图 6.30 最小累积阻力差值

对最小累积阻力差值进行定量测度，以便为生态安全区域划分提供参考。首先将其初步划分为两类，由于差值>0 时，生态扩张受到的阻力相对较大，因此将其划分为适宜生活扩张；差值<0 时，生活扩张受到的阻力大，则将其划分为适宜生态扩张。表 6.13 初步统计了两类扩张过程的基本信息，适宜生态扩张的土地面积为 122 594.94 km²，共计占比 85.99%；而适宜生活扩张的土地面积为 19 978.20km²，面积占比 14.01%。

表 6.13 初步分区面积及比例

适宜分区类型	分值区间	面积/km²	占比/%
适宜生态扩张	-395 909.875 ~ 0	122 594.939 261	85.99
适宜生活扩张	0 ~ 144 939.375	19 978.203 96	14.01

从两类扩张区的空间分布状态来看（图 6.31），其空间分布差异明显。适宜生态扩张

的区域占据流域的绝大部分，主要分布于流域的南部、西北部，而适宜生活扩张的区域占据流域面积极少，主要位于流域的最北部、中部及沿着黑河水系中下游分布。从县市分布来看，适宜生态扩张的区域主要分布在流域南部的大部分县市以及额济纳旗与金塔县的部分区域，而适宜生活扩张的区域则主要位于嘉峪关市、金塔县及额济纳旗的建设用地附近。从土地利用类型分布来看，适宜生态扩张的区域周围多以耕地、林地、草地为主，而适宜生活扩张的区域则以建设用地与未利用地为主。

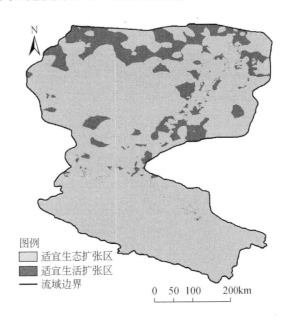

图例
　适宜生态扩张区
　适宜生活扩张区
——　流域边界

0　50　100　　200km

图 6.31　生态安全初步分区类型

得到初步分区类型后，根据阻力阈值将适宜生态扩张和适宜生活扩张再进行进一步的细分，利用差值和栅格面积的变化折线图检测突变点，作为阻力阈值的划分依据，最终划分为四类土地利用优化配置分区（表 6.14）。适宜生态扩张进一步划分为生态关键区、生态缓冲区；适宜生活扩张则进一步划分为生态过渡区、生态优化区，其空间分布如图 6.32 所示。通过统计各个分区的面积及百分比，为各类土地利用分区的优化配置提供依据。

表 6.14　生态安全分区面积及比例

适宜分区类型	生态安全分区	分值区间	面积/km²	占比/%
适宜生态扩张	生态关键区	−395 909.88 ~ −76 460.39	55 425.02	38.88
	生态缓冲区	−76 460.39 ~ 0	67 169.99	47.11
适宜生活扩张	生态过渡区	0 ~ 41 686.60	15 571.61	10.92
	生态优化区	41 686.60 ~ 144 939.38	4 406.58	3.09

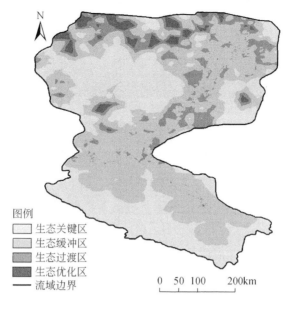

图 6.32　生态安全分区

生态关键区的总面积为 55 425.02km²，占黑河流域总面积的 38.88%，主要分布在流域的南部及西北部，其用地类型包括草地与未利用地，包括祁连县、肃南裕固族自治县南部及额济纳旗西南部，该区域是维持生态安全的底线，应重点进行生态保护，禁止对环境的随意破坏。生态缓冲区的总面积为 67 169.99km²，占流域总面积的 47.11%，该区域涉及森林生态系统、湿地、珍稀鸟类及荒漠生态系统等类型多样的各类保护区，各县区内均有分布，该区域对生态关键区起保护与缓冲作用；生态过渡区总面积为 15 571.61km²，占流域总面积的 10.92%，其零散地分布于生态缓冲区内，主要的用地类型为未利用地，金塔县与额济纳旗是其主要分布地带，应防止其环境进一步恶化；生态优化区面积占比极少，仅为 3.09%，大多位于流域北部的额济纳旗境内，应逐步开展相应的生态环境修复工作。

6.2.7　生态廊道提取

将生态源与阻力面一同输入 Linkage Mapper，最终生成 142 条生态廊道，总长度为 7 131 185.09m。其中，最长的生态廊道长度为 369 729.8m，为源地 26 到源地 52，位于研究区东侧，连接了位于额济纳旗的生态源地与位于甘州区的生态源地，因长度过长且跨越了较多阻力值较高地区，廊道有一定的生物流断裂风险；最短的生态廊道长度仅为 100m，为源地 48 到源地 65，位于肃南裕固族自治县，廊道越短则其破坏风险越小。

从生态廊道的空间分布来看（图6.33），生态廊道主要分布在研究区南部，同时沿着黑河水系分布，呈现南部密集，北部稀疏的空间分布状态，这与黑河流域土地利用类型分布情况关系密切。南部祁连山地生境质量较高，生物流传递受到的阻力小，传递效率高，生态源地斑块多，廊道分布密集且长度短，因此廊道连通性强。北部大部分区域为未利用地，生物流的传递需要经受较大阻力，因此生态廊道分布稀疏。从生态廊道的土地利用类型来看，草地与未利用地在廊道构成中占绝大部分，其占比为87.6%；耕地、林地的占比为11.3%；水体、建设用地占比较少，不足2%。

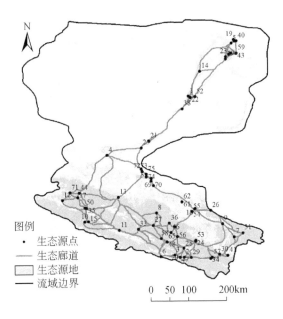

图 6.33　生态廊道

6.2.8　生态节点识别

生态节点是指景观中对于物种的迁移或扩散过程具有关键作用的地段，对不同源地之间物种的迁移或扩散过程具有重要作用，生态节点的建设将有效提高景观生态系统结构功能的完整性。生态节点又被称为"夹点"，是生态廊道中电流值较高、电流宽度较窄的区域，体现出该区域在生态流动中重要性较高且可替代路径较少的特点，在景观连通、维护区域生态系统安全中发挥着重要作用。因此，需要对生态节点区域进行重点生态保护与治理。若移除或者破坏这些节点，会对生态稳定造成较大影响。这里采用 Pinchpoint Mapper 工具来识别生态节点区域，选取多对一模式（all-to-one）将所有生境斑块之间的电流进行组合，生成累积电流图，提取电流密度较大的区域作为生态节点。

如图 6.34 所示，电流密度最大值为 0.230 811，均值为 0.003，将其以自然断点法重新划分为五类，取最大值作为生态节点。黑河流域共有生态节点 59 处，主要分布于黑河流域的南部祁连山地及黑河水系附近。从生态节点的县域分布情况来看，额济纳旗、肃南裕固族自治县及祁连县的生态节点共计 43 个，占据总数的 72.9%；而流域西北部的县域由于生态环境恶劣、沙地遍布导致其无生态节点，景观连通性较差。从生态节点的相对位置来看，各节点几乎位于生态源地附近，生态流动经过此处的可能性极大。基于电流值识别的生态节点能够使地区生态保护与修复优先级更为可视化，在实际操作中也应该同时注意节点周边区域生态质量的变化，缓解其生态流阻力，扩宽廊道，减轻节点处的压力。

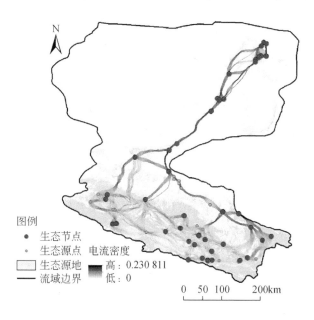

图 6.34　生态节点

6.2.9　生态安全优化建议

综上，黑河流域的生态安全格局是由 75 块生态源地、142 条生态廊道、59 个生态节点和 4 个生态安全分区共同构成的点线面网状结构。依据其空间分布状态及在水土优化配置中发挥的作用，并针对黑河流域现有的生态安全状况，分别提出强化生态源地、生态廊道、生态节点及生态安全分区的对策与建议。

（1）注重生态源地保护

生态源地是维护生态安全的底线，指人为干扰少、林草覆盖率高、适宜物种栖息的生态景观斑块，是生态安全格局中最基础、最核心的区域，对维护生态系统稳定、改善区域生态环境具有重要作用，因此，加强生态源地的保护尤为重要。本章选取了林地、草地、水域以及保护区和湿地等自然生态条件较好的斑块作为生态源，共选取生态源地总面积为 $35\,498.16km^2$，约占流域总面积的 24.8%。对于生态源地的保护，要禁止区域内一切破坏生态的行为，加强动植物资源保护和资金投入，制定林草保护规章制度，减少人为干扰，促进生态水平的恢复和改善。

（2）加强生态廊道建设

本章共识别出生态廊道 142 条，廊道长度最长为 369 729.8m，最短为 100m。这些生态廊道增加了黑河流域各生态源地之间的连通性，是区域内生物之间进行物质交换和信息传递的重要生态桥梁和通道，因此应该加强生态廊道建设，促进不同源地与源地之间及源地与基质之间的流动。针对生态廊道的保护，要注重廊道之间的绿化建设工作，合理分配土地资源，将生态景观要素纳入土地规划整治之中，把握生态建设的关键环节。

（3）加强生态节点建设

生态节点是发生生态过程的高电流密度区域，应强化其建设并给予重点保护。本章共识别出 59 处生态节点，主要分布于南部的祁连山地及黑河水系附近，靠近各个生态源地，增加了生态流动经过此处的可能性。对于生态源地较少、阻力值较高区域的生态节点，可通过适当降低电流密度阈值来增加节点以增强生态源地间的连通性。同时，应减少人类活动对生态节点的影响，对已经受到破坏的节点进行重点修复与治理。

（4）统筹调控生态安全分区

对于各个生态安全分区，应进行整体统筹安排与调控。生态关键区通常分布有生态系统价值较高的生态用地，是生态保护的重中之重，这部分区域应严格禁止建设开发活动，以生态保护为主。生态缓冲区主要位于生态关键区边缘，是限制人类活动的屏障，用以保护生态关键区不受各类建设活动所影响。生态过渡区位于生态缓冲区和生态优化区之间，其环境以预防和保护为主。生态优化区远离生态关键区，以未利用地为主，需要根据其生态状况逐步有序地开展针对性的生态修复工作。

6.3 本章小结

本章以河西走廊两大内陆河流域——石羊河流域与黑河流域为研究案例，首先明晰了两大内陆河流域的基本生态环境现状，分析其生态环境变化模式与导致其环境状态发生变化的原因；接着，针对影响内陆河流域生态安全的各类环境问题，使用相应的模型，构建了两大内陆河流域的生态安全指标体系，评价了其生态安全；最后，对两大内陆河流域的水土资源进行重新统筹安排、配置优化，为生态环境建设与修复提供相应的理论依据。

在进行石羊河流域的生态安全分析时，将 MCR 模型与 CLUE-S 模型相结合，生成了基于生态安全格局的石羊河流域土地利用优化配置结果，并与耕地保护、社会经济快速发展共同构成了石羊河流域未来土地利用空间优化配置的三种方案，对石羊河流域未来土地利用规划、土地资源科学高效利用提供了相对应的依据。在进行黑河流域的生态安全分析时，将 MCR 模型与电路理论相结合，识别了黑河流域的生态源地、生态廊道、生态节点及生态安全分区，并提出了强化生态安全格局的对策与建议，为黑河流域的环境规划、生态修复提供了参考的方向。本章从不同视角出发，对两大内陆河流域的土地利用优化配置进行了有益探索，为今后的土地空间优化深入研究奠定了基础。

第 7 章

河西走廊绿洲区水土资源优化调控策略

7.1 水土资源分区管理

河西走廊绿洲区主要由石羊河流域、黑河流域和疏勒河流域三大流域组成，对河西走廊绿洲区水土资源进行优化配置和调控，其核心工作是对三大内陆河流域水土资源的优化调控。在具体实施优化调控时需遵从以下几个原则：①耕地边缘区实施严格管制措施，以免造成水土流失、沙化及连锁生态退化；②草地、林地边缘的交汇地段要减少景观中的硬性边界频度以减少生物穿越边界的阻力；③草地中耗费等值线圈层间形成的鞍点要格外重视；④多条廊道交汇处和景观缓冲带相交处要减少对核心源区的干扰，提高景观流的利用效能和物质流的循环效率；⑤要将孤立的栖息地斑块与大型景观相连，以利于物种的持续性流通和生物多样性的增加。根据上述原则，对河西走廊绿洲区水土资源进行分区管理是目前最科学、最高效的优化调控策略。

根据国土空间规划和生态功能区划，结合河西走廊绿洲区的地理、生态环境特点，将河西走廊地区整体划分为禁止开发区、限制开发区、优化开发区和治理恢复区四个分区，对四个分区分别进行管理（图 7.1）。禁止开发区主要在河西走廊南端，范围包括甘肃祁连山国家级自然保护区、甘肃张掖黑河湿地国家级自然保护区、甘肃民勤连古城国家级自然保护区、甘肃安西极旱荒漠国家级自然保护区、甘肃阳关国家级自然保护区、甘肃西湖国家级自然保护区、甘肃盐池湾国家级自然保护区等核心区及河西走廊绿洲腹地。这些区域依据保护区管理规定进行严格管理和保护，防止出现重大生态风险。同时这些禁止开发区大多集中在无人区或者贫困地区，这些地区生态补偿制度的尚不完善，但要求自然保护区保护优先，这就在社会经济发展与生态保护之间产生了矛盾，大大增加了地方工作的压力，也给保护区的未来长远发展带来严峻挑战。以自然保护区为基础，尝试探索新型生态补偿制度，并将同一区域交叉重叠、多头管理的多个自然保护地整合建立国家公园制度，将是有效解决以上问题和矛盾的有效手段。

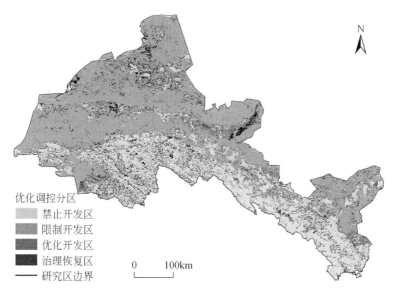

图 7.1　河西走廊地区水土资源分区管理

限制开发区主要集中在戈壁、沙漠与绿洲过渡地带,基本农田周边区域,草地、林地、水域周边区域等,这些区域处于生态变化的高风险区,对周边生态环境变化较为敏感,一旦发生变化可能变为生态风险恶化区,因此要严格限制该区域大型项目,尤其是对环境有重大影响的项目。同时进一步完善自然保护区网络空间布局,加快推动建立以国家公园为主体的自然保护地体系,这样对于全面提高限制开发区管理的系统化、精细化、信息化水平具有重要意义。

优化开发区主要集中分布在现有城镇、农村居民点区域,沙漠与绿洲过渡带中已有开发项目的区域,土地开发、土地整治重点区域和未来有开发潜力的重点区域。从土地利用类型看,既包括少量质量较差的耕地,也包括裸地和沙地,是今后进行土地整治、土地开发的重点区域,也是今后城乡建设用地扩展和发展工业的后备用地。优化开发区的土地资源应根据不同的地区和土地资源特点制订合理的土地利用、土地整治和土地开发规划,并作为土地后备资源放眼长远、着眼未来。此外,该区域应加强各类项目实施的环境管理,严肃查处各类违法行为,并以“天地一体化”的遥感监测管控体系和完善的政策法规体系为手段,提高监管和执法力度,为绿洲区国土生态安全和生态环境质量提升提供坚实保障。

治理恢复区主要分布在祁连山水源涵养林、草退化区域,河西走廊绿洲国家重大生态治理项目实施区,沙漠戈壁中植被退化区以及生态环境显著变化区域。治理恢复区应加强防风固沙林、水土保持林、农田防护林建设;严格落实禁牧休牧和草畜平衡制度;通过生态补水、自然湿地岸线维护等措施,维护湿地生态系统健康;加强沙化土地封禁保护,营造沙漠锁边林草带,构建点线面结合的生态防护林网络;科学划定、合理安排绿化用地;加强区域内协同治理,加强与周边区域协作,推进治理工程联动。同时,要在人工参与治理的基础上,积极探索自然生态恢复,并在此基础上尝试生态产业和产业链发展。

7.2　水土资源重点要素调控策略

7.2.1　生态源地调整优化策略

在水土资源优化调控要素中,生态源地是最为重要、最为核心的要素,也是各类自然资源中起关键作用和核心功能的组分。在水土资源优化配置中,生态源地是主要的保护对象,对区域生态安全至关重要,尤其是连片的林地、草地和水体等。在河西走廊绿洲中,由于林地主要集中分布在祁连山区,这里是国家重要的水源涵养林保护区,也是各类国家级自然保护区的核心区,因此是生态保护的重点;除此之外,位于上游地区连片且呈带状分布的草地,中游地区城市绿地和中下游荒漠化草甸等也是防风固沙、生态恢复的重要组分。此外,水域(河流、湖泊、水库、城市景观水面等)对于河西走廊地区来说是维系生态系统得以健康发展的"生命线",因此也是水土资源优化配置时考虑的重点。

对于生态源地的优化配置,应该遵循"严格保护,动态监测"的原则,目前河西走廊地区绿洲规模扩张导致耕地面积增加,促使一些稀疏草地或林地面积减少,势必减少生态源地数量,因此该地区生态源地保护的压力较大。应该以加强荒漠植被原真性保护,尽量减少对荒漠植被的干扰,科学合理确定河西走廊地区人工植被建设的区域、范围和规模,适当建立低耗水的荒漠河岸植被带和环沙漠边缘防沙体系,尽量在不改变局地水循环情况下开展该区生态建设。此外,应重视和加强河西走廊生态建设和社会经济发展的长期监测与定期评估,提出基于长期监测数据的适应性管理对策,不断提升河西走廊绿洲区可持续发展能力。要在生态建设合理性论证的基础上,对其可行性和预期效益进行深入分析预估后制定长期规划,并对规划实施的效果进行长期监测和评估,根据监测数据和后期评估取得的认识制定管理对策,实行适应性管理。同时,建立科学的生态建设综合评估体系,评估建设效果(短期)、管护成效(中期)和生态效益(长期),尤其是对三大内陆河流域及其绿洲腹地进行中长期监测评估,根据监测结果科学精准调控,不断深化对生态建设是否符合科学规律、管护是否合理、生态系统健康稳定状态如何等认识,创新景观优化理论，集成生态服务提升技术与模式，提出维持区域生态系统稳定的适应性管理策略，提高河西走廊地区生态建设和生态系统管理水平。

7.2.2 生态节点构建策略

生态节点是指景观基质中对于生物的扩散或移动过程起到关键作用的位置。根据河西走廊生态景观特征和生态安全格局优化配置结果，将河西走廊地区生态节点根据来源划分为生态核心节点和生态潜力节点，采用生态廊道的相交点作为生态核心节点，生态廊道潜在辐射通道的交点作为生态潜力节点，即处于生态扩张流动最频繁和最困难的地段。生态节点的建立与细分有利于保障现有的生态流正常发挥生态调节作用，同时能够绕开阻碍生态流进行能量交流的阻力面，在生态安全格局构建与水土资源优化配置中具有现实指导意义。

基于已获取的源地空间分布特征和潜在辐射通道，将生态核心节点作为不同廊道间生物信息流动所需的重点通道。生态核心节点主要分布在河西走廊祁连山国家级自然保护区及其他几个保护区内，以及绿洲区农田与林草过渡带及主要河流周边，这些区域是自然环境与人类活动之间进行交流的重要通道，自然保护区内部的生态核心节点也是生态系统内部进行生态流交互和生态信息流交换的通道，对河西走廊地区生态环境保护具有非常重要的意义。而生态潜力节点主要分布在河西走廊绿洲区外围地带、人工林分布地区、荒漠与绿洲过渡带等地方，这些地方通过人工治理生态环境，如防沙治沙工程、三北防护林工程、灌溉节水工程、生态修复工程等，可以对局部生态流和能量流的信息交换产生积极影响。但同时也能发现，河西走廊地区由于地理景观分布多样且地域分布不均衡，如荒漠集中分布于北部、水源涵养林集中分布在南部、绿洲农业区主要分布在中部，造成生态节点在空间分布上不均衡，影响了整个河西走廊地区生态信息的交换和互动。今后应当注重不同生态节点的疏通与连接，以利于物种的持续性流通和生物多样性的增加。

7.2.3 生态廊道构建策略

生态廊道作为物种迁徙的绿色通道，对传递物质、交流信息具有重要作用，是生态安全格局中的重要组成部分。生态廊道作为物种在两源地间的流动通道，为不同物种在不同源地间互相交流提供了可能，它既能很好地连接当地不同斑块、不同种群，又能很好地改善斑块间不同物质的移动速度，还能在很大程度上降低种群风险。20世纪90年代以来，生态廊道的生态功能愈发受到重视，基于生态要素所构成的生态廊道建设成为研究的新方向。因此，生态廊道具有遏制生态系统退化及生物多样性丧失，改善生态系统服务功能，消除生境破碎化对生物多样性的影响，恢复珍稀濒危物种的种群数量，维护自然生态系统平衡稳定等具有极为重要的作用。

河西走廊地区生态廊道构建需要综合考虑物种对气温、降水等气象条件的适应性，避免廊道穿越物种难以承受的气候区。同时需要考虑廊道宽度、数目和连接度等结构条件，保证目标物种迁移效率和污染物过滤等生态功能的发挥。也需要考虑廊道内部环境，如土地利用、物种取食条件、物种间相互影响情况等，根据生物习性确定和建立连接区域。此外，生态廊道构建不应仅局限于城市绿化、景观设计和文化休憩等方面，而应以生物多样性保护、生态功能提升以及生态安全格局维护为主，并与生态用地保护、植被带建设、生态规划、旅游规划等相衔接、相融合。从河西走廊地区地理环境与生态环境变化特点来看，该地区生态廊道主要由三部分构成，即南部祁连山山脉廊道，中部石羊河、黑河和疏勒河及其支流廊道，以及北部的山脉、城镇、交通廊道。南部和中部生态廊道目前规模较大，连通性也最好，北部的生态廊道需要基于上述原则综合考虑与统筹，加强生态廊道建设规划和资金投入，以增强北部生态廊道的连通性。

7.3 主要结论

本章在总结石羊河流域和黑河流域水土资源优化配置思路和方法的基础上，依据"源地识别—构建阻力面—提取生态廊道"的基本思路，对河西走廊绿洲区水土资源进行生态安全格局构建研究，依据水土资源优化配置结果进行了分区管理，并针对不同的生态安全格局组分、生态源地、生态节点和生态廊道的优化分别给出了优化策略。河西走廊绿洲区由于所处地理位置、自然环境、社会经济的复杂性，造就了其生态环境的复杂性、地域差异性，尤其是水土资源的时空演变，决定了该地区当前乃至今后的发展能力，因此本研究成果，能为河西走廊绿洲区今后进行生态治理和生态修复提供科学参考，同时也能为当地国土空间规划实施、产业布局等提供依据。

第8章

生态安全与水土资源优化配置理论及方法研究展望

8.1 基于大数据思维构建水土优化配置的理论及方法体系

国土空间规划作为塑造国家和地区发展格局的核心战略工具，一直以来都扮演着重要的角色。在信息时代大背景下，国土空间规划所面临的挑战也日益突出。作为河西走廊地区国土空间规划中最为重要的考虑因素——水资源和土地资源如何优化，如何科学布局，成为国土空间规划实施的重点。而传统规划方法无法综合考虑水土资源的相互影响、相互制约机制及过程，因此需要更高效、精准的工具来满足国土空间规划过程和国土空间规划落地实施的需求。在这一背景下，大数据和人工智能技术的快速发展为国土空间规划带来了前所未有的机遇。大数据的广泛应用使规划决策者和管理者能够更全面、深入地了解土地资源变化、水资源调配、交通流动、各种社会资源配置等多方面的变化情况。而人工智能技术，尤其是机器学习和智能优化算法，提供了一种新的方式来处理这些庞大的数据集，帮助规划者更好地制定政策和决策，实现规划目标的科学性和可持续性。

因此河西走廊地区生态安全与水土资源优化配置需要与时俱进，与大数据、人工智能相结合，将不同领域不同部门的各类数据进行融合，以便得到更加科学精准的研究结果，为未来国土空间规划实施、修订和更新提供帮助，因此大数据和人工智能将在未来的国土空间规划实施和绩效评价中发挥越来越重要的作用：①数据获取来源广泛，并蕴含丰富的实时信息。这些数据不仅仅局限于部门数据、调查数据，可以通过多种传感器、卫星、社交媒体、移动设备获取的数据，这些渠道产生的数据涵盖了土地利用、交通流动、资源分布、经济活动等多个层面，为规划者提供了多维度、全方位的数据来源。这一广泛获取数据的特性使规划者能够更全面地了解和认识区域特征，使规划决策更准确。除此之外，规划所需数据源源不断地生成，大数据中蕴含着丰富的实时信息，这使规划者能够更及时地捕捉城市和区域发展的动态变化，如交通拥堵、气象情况、市场趋势等。例如，整合地理信息系统数据、人口普查数据和交通流动数据，可以更好地理解城市中的人口分布、交通状况和土地利用规划之间的关联性。②大数据与人工智能技术在规划中扮演着关键角色。它具备智能数据分析的能力，通过机器学习算法，规划者能够更深入地探索大数据中的模式和趋势，并能够应对规划中的复杂问题，如土地利用规划、各类资源优化配置、环境保护、生态危机预警等。例如，智能地理信息系统工具可用于地理数据分析和地图制作，提供更详尽的规划信息，使规划决策更具可视化和科学性。③大数据与人工智能的协同应用成为必不可少的手段。大数据与人工智能的协同应用在国土空间规划与水土资源优化配置中具有显著优势。大数据为人工智能提供了庞大的数据基础，包括广泛的数据获取、实时数据和多源数据，提高了模型的准确性，为规划决策提供了可靠的支持。人工智能加速了大数据的处理和分析，能够在短时间内完成数据分析和模式识别，有助于规划者更迅速地获取城市和区域的方方面面情况。这种协同应用也使规划决策更具前瞻性，能帮助规划者更好地预测未来需求，包括土地用途、基础设施建设、水土资源管理等，从而制定更具长远性和可持续性的规划政策。

8.2 坚定遵循人与自然再平衡战略

人与自然再平衡战略的提出是基于目前的人与自然失衡、经济与生态失调的现实，是贯彻国家安全观、科学发展观的体现，是基于人与自然和谐、人与自然可持续发展的理念提出。目前国内外普遍认为，人与自然再平衡的含义为：坚持以自然资源、自然生态和环境为基础，遵守自然规律、经济规律和社会发展规律的社会经济发展准则，实现经济社会与生态环境的良性循环，达到可持续发展。人与自然再平衡战略强调从人与自然失衡，经过人与自然再平衡的过程，达到人与自然和谐，经济与生态协调发展的新平衡，实现全面、协调、安全、可持续发展的模式。对于河西走廊土地水土资源来说，重点也是遵循人与自然和谐、安全和可持续发展。河西走廊绿洲区聚集了大量人口，当有限的资源难以承载众多人口时，就出现了水资源、生态、环境等一系列问题，人与自然处于失衡状态。因此，在河西走廊绿洲区水土资源优化配置中全面贯彻人与自然再平衡战略显得十分重要，也十分紧迫。

8.2.1 人与自然再平衡的科学内涵

人与自然再平衡是生态系统平衡的核心内容，人与自然再平衡的理念强调树立自觉地尊重自然规律，积极地保护生态的社会行为理念和社会发展模式。其内涵主要包括：①人类生产、生活与生态空间的再平衡；②自然环境和生态系统提供的服务与人类对自然和生态的需求的再平衡；③社会经济发展与自然资源禀赋的再平衡；④资源开发利用与环境保护的再平衡；⑤国土空间格局与产业布局的再平衡；⑥受损和退化生态系统修复与重大生态工程的再平衡。

从人与自然再平衡内涵看，河西走廊绿洲区以上几点均存在不同程度的不平衡；从水土资源优化配置角度看，生产、生活与生态空间不均衡，供需矛盾较为突出，少量的产业集中分布在几个城镇中，难以形成规模效应。近年来生态系统修复与生态工程实施效果较为显著，有效遏制了人与自然失衡状态，但是如何从更长远的目标，推进人与自然再平衡理念，是河西走廊地区各级政府值得思考的命题。

8.2.2　河西走廊绿洲区人与自然再平衡的战略措施

河西走廊绿洲区人与自然再平衡的战略任务是构建一个以绿色为标志，健康、安全、可持续、生态文明的发展环境。健康，是对生态系统本身而言，以不污染、不退化、不破坏、不损失，保持一个良好的生态系统，这个系统对于外来的干扰具有抗逆性和自身调节与恢复的能力。安全，是对人而言，对当代人生存与发展没有危险、没有威胁，这个系统能够服务一个区域、一个国家，以至于全球人类需求。可持续，主要指对人类后代而言，它要求满足当代人的需求，而又不损害后代人的需要，为子孙后代留下一个良好的生态环境。河西走廊绿洲区人与自然再平衡的战略措施包括以下几个方面。

（1）共筑生态安全屏障

把生态建设作为河西走廊绿洲区建设的生命线，统筹山水林田湖草沙系统治理，坚持以水源涵养、湿地保护、荒漠化防治为重点，协同推进祁连山生态保护与治理及内陆河生态综合治理，共建防风防沙治沙生态带，推动减污降碳协同增效，促进经济社会全面绿色转型，持续打造国家生态安全屏障。

（2）共构现代产业体系

积极打造河西走廊国家新能源综合示范区，建设我国重要的新能源综合利用基地、新能源生产和全产业链基地、新能源科技进步和体制机制创新基地。以河西走廊独特的自然风光和人文景观打造文旅康养深度融合发展示范区，打造世界级丝绸之路旅游目的地、中国户外体验大本营和西部自驾游黄金线。依托现代丝路寒旱农业示范区和戈壁节水生态农业示范基地，以绿色有机为导向，做大做强种业、蔬菜、肉羊等产业集群，建成面向全国和"一带一路"沿线合作伙伴的特色农产品供应基地。

（3）共推城乡融合发展

全面实施乡村建设行动，加快乡村公共基础设施建设，构建现代农业经营体系，建设美丽乡村。提高城乡基础设施建设一体化水平、城乡基本公共服务均等化水平，推动农业转移人口市民化，加快构建工农互促、城乡互补、全面融合、共同繁荣的新型工农城乡关系，形成城乡融合发展新格局。

（4）共创友好节约型社会

建立以节水节地为中心的资源节约型的农业生产体系、以节能节材为中心的资源节约型的工业生产体系、以节省运力为中心的节约型综合运输体系以及以文明、绿色、低碳、节约为主要特征的资源节约型生活服务体系。把资源效益放在经济效益、生态效益和社会效益同等的地位，着力于提高单位面积的水土综合承载力，制定相应的价格政策，改变和扭转以牺牲资源、牺牲环境来换取经济发展的高消耗资源、粗放型发展的经济模式，逐步建立节约、高效、可持续发展的现代化、集约型的经济发展方式。

（5）共维保护治理关系

河西走廊地区要注重保护中发展，发展中保护，要针对河西走廊地区实际和自然环境本底情况制定系统化、一体化的制度，逐步改变以 GDP 论英雄的倾向，建立生态环境保护终身责任制，才能在不远的将来还清对自然的欠债，实现蓝天、绿地、清水的锦绣河山的美好愿景。

（6）共处和谐文明人地关系

人类利用、培育、改造土地与水资源的性状与条件，它既是劳动产物，存在着价值，同时又是稀缺资源，存在着市场规律。生态环境的管理和保护治理，应该突出公益性，要形成政府、企业、公众、社会人人参与保护与利用，真正做到绿水青山就是金山银山。

（7）共建一体化监测预警体系

生态环境变化监测和预警是实施水土资源开发利用的基础，建立基于天-空-地一体化的监测体系是一个重大而紧迫的科技任务。应该发挥科研单位和相关机构的优势，整合已有资源，科学合理布局生态环境与自然资源监测预警网络建设，有效组织该监测预警网络体系的规划、协调、实施与管理，使该网络能够直接服务国家应对干旱区气候变化，水土气生物污染的动态变化、监测、评估、预报和预警，为国家生态安全屏障建设和相关政策的制定提供科学支撑。

8.3 探索适合河西走廊绿洲区人与水土资源协调发展的新途径

8.3.1 人与水土资源协调发展的基本原则

河西走廊地区人与水土资源之间的相互影响、相互制约关系较为显著,这种相互关系体现在供需关系上。首先,这种关系突出表现在土地资源上。土地资源与利用状况是人地关系的投影,从土地资源利用的角度评价河西走廊地区人与水土资源的协调发展,重点在于评价水资源与土地资源需求是否与资源供给相适应,两者相适应的即为协调,不适应的为不协调。因此人与水土资源协调发展评价首要分析供需平衡状况。其次,人与水土资源之间的关系总是处于不断地演化过程中,在此过程中,不同阶段的水土资源需求不同,土地利用方式、技术水平、出现的矛盾各不相同,要求人与水土资源协调发展评价需要从不同历史阶段的特点出发,进行动态评价。河西走廊地区的人地系统协调性评价应以水土资源总需求与总供给量为基础,同时考虑与区域粮食安全、生态安全,以及社会经济发展相关的各类自然资源需求及供给。最后,人与水土资源的关系在空间上具有多尺度性,不同地区的水土需求和供给保障方式不同,受区域人口状况、经济发展水平、利用方式、自然条件等因素的影响,以区域为单元进行人地系统协调性评价更具指导意义。

8.3.2 河西走廊绿洲区人与水土资源协调发展途径

(1) 以水土资源平衡为原则,统筹生活、生产、生态之间的关系

根据河西走廊地区实际状况,确立人地和谐相处的水土资源文明发展新理念。要科学精细地确定流域尺度上人工绿洲的规模和农业发展,并将区域地下水位的动态稳定作为判别干旱区流域尺度绿洲可持续的参考指标。依据绿洲区位特点,合理配置水土资源,既要提升新垦绿洲农田的地力,更要保护老绿洲耕地。基于"山水林田湖草沙"生命共同体理念,开展维持山、水、林、田、湖、草、沙等不同要素生态服务功能提升,优化生物多样性及生物信息交互和传递。高水平推进乡村振兴,建设美丽乡村,提高城乡基础设施建设一体化水平、城乡基本公共服务均等化水平,推动农业转移人口市民化,加快构建工农互促、城乡互补、全面融合、共同繁荣的新型工农城乡关系,形成城乡融合发展新格局。

（2）建立绿洲区生活、生产、生态协调发展的机制

河西走廊地区要把水土资源保护提到重要地位，划定维护国家生态安全的核心空间，统筹安排生活、生产、生态用地，以充分发挥土地的生活、生产与生态的多功能作用，兼顾经济、社会和生态效益，兼顾当代人的需求和后代人的利益。根据河西走廊绿洲分布特点和发展规律，建议参考有关专家提出的将绿洲由内向外划分为绿洲核心区、绿洲边缘区和绿洲—荒漠过渡区三个功能区。其中，绿洲核心区重点发展高产值农业，大力发展规模化集约化农业，目前有很多农场种植高值药材、经济作物等，发展基础较好；绿洲边缘区应该以当地及周边需求为主，可以种植饲草或者粮-饲结合的方式，增加产值，提供单位面积经济效益；绿洲—荒漠过渡区以生态养育和设施农业为主，重点防止过渡区退化为荒漠，影响周边农业生产和村镇居民生活。

（3）从绿洲数量向绿洲数量和质量并举的战略转变

在当前快速工业化、城市化进程中，河西走廊地区的绿洲保护工作实行的是一种重数量轻质量的"占补平衡"机制，普遍出现"占优补劣""占近补远"等现象，导致优质绿洲资源所占比例不断下降。因此，必须改变重数量、轻质量的保护机制，实现由重数量保护向数量质量并重保护转变。绿洲核心区数量质量并重管理的实质是要保护和提高土地的综合生产能力，确保国家的粮食与农产品安全战略的实现。同时，提高河西走廊地区水土资源匹配度。水土资源利用的技术水平、规模效率和综合效率同时影响着水土资源匹配程度，技术进步对农业生产效率的影响较为明显，规模效率和综合效率对技术进步具有一定的补偿作用，三者同时推动着河西走廊绿洲区农业水土资源匹配程度和生产效率的提升，从而提供绿洲从数量向数量和质量并举转变的动能。

（4）打造绿洲区人与水土资源协调发展的开放廊道

河西走廊地区要紧抓"一带一路"建设机遇，主动参与新亚欧大陆桥、中国—中亚—西亚经济走廊、中巴经济走廊和西部陆海新通道建设，努力办好"一会一节"，积极承接新能源、新材料、节能环保、现代农业、先进制造业等产业，抢抓西部大旅游环线建设契机，打造以河西走廊为核心，串联辐射青海、内蒙古等黄金旅游大环线。从文化、生态、枢纽、技术、信息等方面积极融入和服务国家开放大局，打造丝绸之路重要开放廊道。只有这样，河西走廊地区才能对接融入国家战略、提升在全国发展中的地位提供重要支撑；才能有利于发挥区位优势和资源优势，保障国家战略安全、粮食安全和能源安全，在构建新发展格局中体现河西走廊地区的重要价值；也才能有利于打破行政壁垒，提高政策协同，共建西部地区生态安全屏障，共推生态保护治理与高质量发展，促进区域优势互补和产业错位发展，充分发挥经济廊道区位优势，辐射带动周边地区，推动西北地区实现外向型发展。

绿洲区 生态安全与水土资源优化配置策略

190

参 考 文 献

包玉斌, 李婷, 柳辉, 等. 2016. 基于 InVEST 模型的陕北黄土高原水源涵养功能时空变化. 地理研究, 35 (4): 664-676.

蔡玉梅, 刘彦随, 宇振荣, 等. 2004. 土地利用变化空间模拟的进展: CLUE-S 模型及其应用. 地理科学进展, 23 (4): 63-71, 115.

曹秉帅, 徐德琳, 窦华山, 等. 2021. 北方寒冷干旱地区内陆湖泊生态安全评价指标体系研究——以呼伦湖为例. 生态学报, 41 (8): 2996-3006.

常翔僖, 张小文, 陈佳, 等. 2023. 生态治理内陆河流域社区恢复力演变特征及影响因素: 以石羊河流域为例. 生态学报, 43 (14): 5699-5713.

陈东景, 徐中民. 2002. 西北内陆河流域生态安全评价研究: 以黑河流域中游张掖地区为例. 干旱区地理, 25 (3): 219-224.

陈松林, 刘强, 余珊, 等. 2002. 福州市晋安区土地适宜性评价. 地球信息科学, 4 (1): 61-65.

陈雯, 柴波, 童军, 等. 2012. 曹妃甸滨海新区建设用地地质环境适宜性评价. 安全与环境工程, 19 (3): 45-49.

陈学渊. 2015. 基于 CLUE-S 模型的土地利用/覆被景观评价研究: 以浙江安吉为例. 北京: 中国农业科学院.

陈燕飞, 杜鹏飞. 2007. 基于最小累积阻力模型的城市用地扩展分析. 哈尔滨: 2007 年中国城市规划学会论文集.

陈珍新, 徐小琴. 2021. 石羊河流域林业生态环境存在的主要问题、成因和对策. 农业灾害研究, 11 (12): 55-56.

程漱兰, 陈焱. 1999. 高度重视国家生态安全战略. 生态经济, (5): 9-11.

段增强, Verburg P H, 张凤荣, 等. 2004. 土地利用动态模拟模型的构建及其应用: 以北京市海淀区为例. 地理学报, 59 (6): 1037-1047.

傅伯杰, 吕一河, 高光耀. 2012. 中国主要陆地生态系统服务与生态安全研究的重要进展. 自然杂志, 34 (5): 261-272.

高俊峰, 杨跃军. 2009. 甘肃省石羊河流域生态安全评价研究. 林业资源管理, (1): 65-69.

龚艳冰, 张继国, 梁雪春. 2011. 基于全排列多边形综合图示法的水质评价. 中国人口·资源与环境, 21 (9): 26-31.

郭承录, 李发明. 2010. 石羊河流域生态系统存在的问题及治理对策. 中国沙漠, 30 (3): 608-613.

郭昆明. 2021. 基于遥感的河西走廊绿洲平原区生态环境质量评价. 兰州: 兰州大学.

郭燕燕. 2017. 基于 CLUE-S 模型的深圳市土地利用变化模拟. 武汉: 武汉大学.

郭泽呈, 魏伟, 张学渊, 等. 2019. 基于 RS 和 GIS 的石羊河流域生态环境质量空间分布特征及影响因素.

应用生态学报, 30 (9)：3075-3086.

郭泽呈. 2020. 中国北方地区环境干扰度时空演变特征分析. 兰州：西北师范大学.

何玲, 贾启建, 李超, 等. 2016. 基于生态系统服务价值和生态安全格局的土地利用格局模拟. 农业工程学报, 32 (3)：275-284.

黄方, 刘湘南, 张养贞. 2003. GIS 支持下的吉林省西部生态环境脆弱态势评价研究. 地理科学, (1)：95-100.

黄菊梅, 周俊菊, 窦娇, 等. 2022. 季风边缘区极端降水变化及其影响因素：以石羊河流域为例. 生态学杂志, 41 (3)：536-545.

黄苏宁, 黄显峰, 方国华, 等. 2013. 基于多目标遗传算法的水土资源优化配置研究. 中国农村水利水电, (5)：33-36, 41.

焦云腾. 2021. 河西走廊土地整治模式研究. 兰州：甘肃农业大学.

李闻. 2011. 基于 CLUE-S 模型的土地利用模拟研究：以江苏省镇江市为例. 南京：南京师范大学.

李鑫, 严思齐, 肖长江. 2016. 不确定条件下土地资源空间优化的弹性空间划定. 农业工程学报, 32 (16)：241-247.

李亚平, 董增川, 马婉丽. 2007. 平原丘陵地区水土资源联合优化配置. 排灌机械, 25 (5)：33-35.

李有福. 2016. 加强投入推进石羊河流域源头治理. 中国农业信息, (1)：21-22.

李振亚, 魏伟, 周亮, 等. 2022. 中国陆地生态敏感性时空演变特征. 地理学报, 77 (1)：150-163.

李振亚. 2020. 干旱内陆河流域环境敏感性综合评价研究：以石羊河流域为例. 兰州：西北师范大学.

李智飞. 2014. 河西走廊地区水资源脆弱性指标及应用研究. 北京：华北电力大学.

刘建凯, 汪有科. 2006. 石羊河流域生态环境问题与综合治理. 水土保持研究, 13 (6)：153-155.

刘惠秋, 李晓东, 杨清, 等. 2023. 基于浮游植物完整性指数的雅鲁藏布江中上游河流水生态健康评价. 干旱区资源与环境, 37 (9)：109-117.

刘晶晶, 王静, 戴建旺, 等. 2021. 黄河流域县域尺度生态系统服务供给和需求核算及时空变异. 自然资源学报, 36 (1)：148-161.

刘明成, 万国北. 2010. 石羊河流域生态环境存在的主要问题、成因和对策. 甘肃林业科技, 35 (4)：47-50.

刘瑞宽, 杨林朋, 李同昇, 等. 2024. 基于 ERA 和 MCR 模型的生态安全格局构建：以陕西沿黄地区为例. 中国环境科学, 44 (2)：1053-1063.

刘巍文. 2023. 河西走廊关键生态问题及治理研究. 甘肃理论学刊, (5)：107-117.

刘小琼, 何鹏飞, 韩继财, 等. 2023. 长江经济带生态安全格局演化及多情景模拟预测. 经济地理, 43 (12)：192-203.

刘彦随, 方创琳. 2001. 区域土地利用类型的胁迫转换与优化配置：以三峡库区为例. 自然资源学报, (4)：334-340.

刘彦随, 甘红, 张富刚. 2006. 中国东北地区农业水土资源匹配格局. 地理学报, (8)：847-854.

刘毅, 李天威, 陈吉宁, 等. 2007. 生态适宜的城市发展空间分析方法与案例研究. 中国环境科学, 27 (1): 5.

鲁晖. 2019. 2000—2017 年河西地区植被覆盖的时空过程分析. 兰州: 兰州大学.

吕莉娟. 2021. 河西走廊经济发展与生态保护协调兼顾的伦理研究. 兰州: 西北师范大学.

马国军, 刘君娣, 林栋, 等. 2008. 石羊河流域水资源利用现状及生态环境效应. 中国沙漠, 28 (3): 592-597.

马强磊. 2022. 我国干旱半干旱地区气溶胶光学特性及演化研究: 以河西走廊为例. 阜阳: 阜阳师范大学.

马星梅, 王生龙. 2015. 对石羊河流域生态环境演变的评价及启示. 中学教学参考, (13): 128.

南生祥, 魏伟, 刘春芳, 等. 2022. 土地利用变化的生态环境效应及其时空演变特征: 以河西走廊为例. 应用生态学报, 33 (11): 3055-3064.

彭晋福. 2000. 应用最小累计阻力模型模拟土地变化——以江苏省扬中市为例. 北京: 北京大学硕士学位论文.

乔雪梅, 刘普幸, 任媛, 等. 2020. 基于遥感的黑河流域生态环境变化特征及成因分析. 中国环境科学, 40 (9): 3962-3971.

秦大庸, 鲁欣, 张占庞, 等. 2006. 黑河流域近期治理对生态环境与粮食安全的影响. 水利学报, 37 (10): 1278-1282.

任倩. 2008. 河西走廊经济区产业结构研究. 兰州: 西北师范大学.

时荣超, 郭文忠. 2024. 农业灌溉水资源优化配置研究进展. 农业工程学报, 40 (4): 1-13.

史培军, 王静爱, 冯文利, 等. 2006. 中国土地利用/覆盖变化的生态环境安全响应与调控. 地球科学进展, 21 (2): 111-119.

孙宝娣, 钟城豪, 崔东旭, 等. 2024. 区域协同视角下黄河流域生态安全格局构建研究. 生态学报, (11): 1-13.

孙玉梅. 2021. 黑河流域生态保护修复存在问题及对策. 甘肃农业, (8): 67-69.

汤良, 胡希军, 罗紫薇, 等. 2024. 生态脆弱性与城镇化水平时空耦合及其交互影响因素: 以湖南省为例. 生态学报, (11): 1-16.

田璐, 邱思静, 彭建, 等. 2018. 基于 PSR 框架的内蒙古自治区沙漠化敏感性评估. 地理科学进展, 37 (12): 1682-1692.

田义超, 黄远林, 张强, 等. 2019. 北部湾南流江流域植被净初级生产力时空分布及其驱动因素. 生态学报, 39 (21): 8156-8171.

童芳, 陶月赞, 兰宇. 2010. 区域水土资源配置方案选优的 CMM-DCEM 模型研究. Hong Kong: Proceedings of 2010 The 3rd International Conference on Computational Intelligence and Industrial Application.

王端睿, 毛德华, 王宗明, 等. 2024. 东北地区土地覆被格局变化模拟: 基于 CLUE-S 和 Markov-CA 模型的对比分析. 地理科学, 44 (2): 329-339.

王韩民, 郭玮, 程漱兰, 等. 2001. 国家生态安全: 概念、评价及对策. 管理世界, (2): 149-156.

王金伟, 张赛茵, 秦静, 等. 2019. 京津冀研究的热点与前沿: 基于 CiteSpace 的知识图谱分析. 中国农业资源与区划, 40 (6): 106-113.

王丽霞, 任志远, 任朝霞, 等. 2011. 陕北延河流域基于 GLP 模型的流域水土资源综合配置. 农业工程学报, 27 (4): 48-53, 393.

王丽艳, 张学儒, 张华, 等. 2010. CLUE-S 模型原理与结构及其应用进展. 地理与地理信息科学, 26 (3): 73-77.

王乃亮, 孙旭伟, 黄慧, 等. 2023. 生态安全的影响因素与基本特征研究进展. 绿色科技, 25 (2): 192-197.

王锐婕, 王伦澈, 曹茜, 等. 2024. 长江流域生态系统健康时空变化及驱动因素分析. 长江流域资源与环境, (1): 1-23.

王世菊. 2022. 生态安全与城镇化耦合–环祁连山 "兰—西—张" 多核心城市群发展研究. 兰州: 兰州交通大学.

王天平, 解建仓, 张建龙, 等. 2011. 基于动态生态环境需水量的水土资源优化配置. 水土保持学报, 25 (6): 176-180.

王晓峰, 朱梦娜, 张欣蓉, 等. 2024. 基于 "源地–阻力–廊道" 的三江源区生态安全格局构建. 生态学报, (11): 1-15.

王昕, 刘建强, 贾永政. 2004. 黄泛平原中低产田水土资源优化利用模式研究. 中国农村水利水电, (6): 45-47.

王怡君, 赵军, 魏伟, 等. 2017. 近 14 年黑河流域甘肃段湿地遥感调查与分析. 国土资源遥感, 29 (3): 111-117.

王译. 2021. 基于改进 CLUE-S 模型的土地利用变化预测研究及景观格局分析: 以福建省长乐区为例. 北京: 中国地质大学 (北京).

王子濠. 2022. 河西走廊荒漠植物功能多样性及其对气候因子的响应. 兰州: 兰州理工大学.

魏伟. 2018. 基于 CLUE-S 和 MCR 模型的石羊河流域土地利用空间优化配置研究. 兰州: 兰州大学.

魏伟, 石培基, 周俊菊, 等. 2015. 基于区统计方法的石羊河流域土地生态敏感性评价. 水土保持研究, 22 (6): 240-244.

魏伟, 俞啸, 张梦真, 等. 2021. 1995—2018 年石羊河流域下游荒漠化动态变化. 应用生态学报, 32 (6): 2098-2106.

魏伟, 周陶, 郭泽呈, 等. 2020. 基于遥感指数的干旱内陆河流域土地生态敏感性时空演变特征: 以石羊河流域武威市为例. 生态学杂志, 39 (9): 3068-3079.

魏晓旭, 魏伟, 刘春芳. 2021. 近 40 年青海省草地植被时空变化及其与人类活动的关系. 生态学杂志, 40 (8): 2541-2552.

吴丽丽. 2016. 河西走廊绿洲生态网络优化布局研究. 兰州: 甘肃农业大学.

吴琼, 王如松, 李宏卿, 等. 2005. 生态城市指标体系与评价方法. 生态学报, 25 (8): 2090-2095.

吴婷. 2019. 基于CLUE-S模型的南京市土地利用变化模拟. 武汉: 武汉大学.

吴宇哲, 鲍海君. 2003. 区域基尼系数及其在区域水土资源匹配分析中的应用. 水土保持学报, 17 (5): 123-125.

肖宏芝. 2018. 基于GIS的河西走廊生态旅游适宜度评价. 成都: 四川师范大学.

谢飞. 2023. 河西走廊内陆河生态环境复苏治理思路研究. 甘肃水利水电技术, 59 (11): 14-16, 27.

谢莹. 2017. 基于CLUE-S模型和景观安全格局的重庆市渝北区土地利用情景模拟和优化配置研究. 重庆: 西南大学.

徐磊, 董捷, 张安录. 2016. 湖北省土地利用减碳增效系统仿真及结构优化研究. 长江流域资源与环境, 25 (10): 1528-1536.

许小亮, 李鑫, 肖长江, 等. 2016. 基于CLUE-S模型的不同情景下区域土地利用布局优化. 生态学报, 36 (17): 5401-5410.

杨勃. 2014. 河西走廊城镇化空间差异及发展趋势分析. 兰州: 西北师范大学.

杨富春, 赵建才. 2016. 张掖绿洲与黑河流域生态安全对策探析. 甘肃林业, (5): 18-21.

杨亮洁, 王晶, 魏伟, 等. 2020. 干旱内陆河流域生态安全格局的构建及优化: 以石羊河流域为例. 生态学报, 40 (17): 5915-5927.

姚材仪, 何艳梅, 程建兄, 等. 2023. 基于MCR模型和重力模型的岷江流域生态安全格局评价与优化建议研究. 生态学报, (17): 1-14.

姚雄, 余坤勇, 刘健, 等. 2016. 南方水土流失严重区的生态脆弱性时空演变. 应用生态学报, 27 (3): 735-745.

易琪媛. 2020. 基于VORSP模型的长江中游城市群城市生态系统健康评价研究. 南昌: 东华理工大学.

俞孔坚. 2000. 从田园到高科技: "园"的含意(之二). 中国园林, 16 (5): 46-51.

袁毛宁, 刘焱序, 王曼, 等. 2019. 基于"活力—组织力—恢复力—贡献力"框架的广州市生态系统健康评估. 生态学杂志, 38 (4): 1249-1257.

张继平, 乔青, 刘春兰, 等. 2017. 基于最小累积阻力模型的北京市生态用地规划研究. 生态学报, 37 (19): 6313-6321.

张建明. 2007. 石羊河流域土地利用/土地覆被变化及其环境效应. 兰州: 兰州大学.

张金丹, 刘明春, 李兴宇, 等. 2023. 石羊河流域干湿气候变化特征及对NDVI的影响. 干旱气象, 41 (5): 697-704.

张静, 魏伟, 庞素菲, 等. 2020. 基于FY-3C和TRMM数据的西北干旱区干旱监测与评估. 生态学杂志, 39 (2): 690-702.

张雯茜. 2019. 新时代地方政府河西走廊生态问题治理研究. 西安: 陕西师范大学.

张晓. 2004. 确立我国生态安全战略新理念. 河南社会科学, 12 (6): 142-143.

张学渊, 魏伟, 颉斌斌, 等. 2019. 西北干旱区生态承载力监测及安全格局构建. 自然资源学报, 34 (11): 2389-2402.

张学渊, 魏伟, 周亮, 等. 2021. 西北干旱区生态脆弱性时空演变分析. 生态学报, 41 (12): 4707-4719.

张雪. 2020. 河西走廊区域经济差异与影响因素研究. 兰州: 兰州大学.

张莹. 2019. 挠力河流域耕地利用水土资源优化配置研究. 沈阳: 东北大学.

张永民, 赵士洞, P. H. Verburg. 2003. CLUE-S 模型及其在奈曼旗土地利用时空动态变化模拟中的应用. 自然资源学报, 18 (3): 310-318.

张郁. 2016. 气候变化背景下东北地区农业水土资源配置研究动态与展望. 农业科学, 6 (5): 121-125.

张钰. 2018. 生态共同体视域下河西走廊生态治理研究. 西安: 陕西师范大学.

张展羽, 司涵, 冯宝平, 等. 2014. 缺水灌区农业水土资源优化配置模型. 水利学报, 45 (4): 403-409.

张正栋. 1995. 榆中县灌溉型水土资源利用系统模型的调控与优化. 西北师范大学学报 (自然科学版), 31 (2): 7.

赵晓峰, 王金林, 王珊珊, 等. 2021. 基于 MCR 模型的卡拉麦里地区生态安全格局变化研究. 干旱区地理, 44 (5): 1396-1406.

赵阳, 胡春宏, 张晓明, 等. 2018. 近 70 年黄河流域水沙情势及其成因分析. 农业工程学报, 34 (21): 112-119.

赵英, 王海霞, 王毅, 等. 2023. 黄河流域农业水资源高效利用与优化配置研究. 中国工程科学, 25 (4): 158-168.

赵宇豪, 戎战磊, 张玉凤, 等. 2017. 近 30 年黑河流域草地变化分析及分布格局预测. 草业学报, 26 (6): 1-15.

郑重, 张凤荣. 2008. 系统耦合效应与水土资源优化配置的诠释. 石河子大学学报 (自然科学版), (4): 415-418.

周丽. 2015. 河西走廊生态环境综合评价指标体系的构建. 兰州: 兰州大学.

朱少卿. 2016. 河西走廊绿洲新型城镇化发展模式研究: 以张掖市高台县为例. 西安: 陕西师范大学.

庄大方, 刘纪远. 1997. 中国土地利用程度的区域分异模型研究. 自然资源学报, 12 (2): 105-111.

邹长新, 沈渭寿, 张慧. 2010. 内陆河流域重要生态功能区生态安全评价研究: 以黑河流域为例. 环境监控与预警, 2 (3): 9-13.

邹易, 蒙吉军. 2023. 干旱区绿洲-城镇-荒漠景观演变及生态环境效应. 干旱区研究, 40 (6): 988-1001.

左伟, 周慧珍, 王桥. 2003. 区域生态安全评价指标体系选取的概念框架研究. 土壤, 35 (1): 2-7.

Aguilar B J. 1999. Applications of ecosystem health for the sustainability of managed systems in Costa-Rica. Ecosystem Health, 5 (1): 36-48.

Baró F, Palomo I, Zulian G, et al. 2016. Mapping ecosystem service capacity, flow and demand for landscape and urban planning: A case study in the Barcelona metropolitan region. Land Use Policy, 57: 405-417.

Chen Y, Wang J L. 2020. Ecological security early-warning in central Yunnan Province, China, based on the gray model. Ecological Indicators, 111: 106000.

Colding J. 2007. 'Ecological land-use complementation' for building resilience in urban ecosystems. Landscape and Urban Planning, 81 (1/2): 46-55.

Costanza R, Mageau M. 1999. What is a healthy ecosystem. Aquatic Ecology, 33 (1): 105-115.

Ghosh S, Das Chatterjee N, Dinda S. 2021. Urban ecological security assessment and forecasting using integrated DEMATEL-ANP and CA-Markov models: A case study on Kolkata Metropolitan Area, India. Sustainable Cities and Society, 68: 102773.

Hou K, Tao W D, Wang L M et al. 2020. Study on hierarchical transformation mechanisms of regional ecological vulnerability and its applicability. Ecological Indicators, 114: 106343.

Howard J, Rapport D. 2004. Ecosystem health in professional education: The path ahead. EcoHealth, 1 (1): S3-S7.

Hu X S, Xu H Q. 2018. A new remote sensing index for assessing the spatial heterogeneity in urban ecological quality: A case from Fuzhou City, China. Ecological Indicators, 89: 11-21.

Jiang W G, Yuan L H, Wang W J, et al. 2015. Spatio-temporal analysis of vegetation variation in the Yellow River Basin. Ecological Indicators, 51: 117-126.

Jullian C, Nahuelhual L, Laterra P. 2021. The Ecosystem Service Provision Index as a generic indicator of ecosystem service supply for monitoring conservation targets. Ecological Indicators, 129: 107855.

Kaboré I, Moog O, Alp M, et al. 2016. Using macroinvertebrates for ecosystem health assessment in semi-arid streams of Burkina Faso. Hydrobiologia, 766 (1): 57-74.

Le Provost G, Thiele J, Westphal C, et al. 2021. Contrasting responses of above- and belowground diversity to multiple components of land-use intensity. Nature Communications, 12 (1): 3918.

Lobser S E, Cohen W B. 2007. MODIS tasselled cap: land cover characteristics expressed through transformed MODIS data. International Journal of Remote Sensing, 28 (22): 5079-5101.

Ma L B, Bo J, Li X Y, et al. 2019. Identifying key landscape pattern indices influencing the ecological security of inland river basin: The middle and lower reaches of Shule River Basin as an example. The Science of the Total Environment, 674: 424-438.

MacDonald A J, Larsen A E, Plantinga A J. 2019. Missing the people for the trees: Identifying coupled natural-human system feedbacks driving the ecology of Lyme disease. Journal of Applied Ecology, 56 (2): 354-364.

Mann H B. 1945. Nonparametric tests against trend. Econometrica, 13 (3): 245-259.

Neri A C, Dupin P, Sánchez L E. 2016. A pressure-state-response approach to cumulative impact assessment. Journal of Cleaner Production, 126: 288-298.

Ramachandra T V, Aithal B H, Sanna D D. 2012. Insights to urban dynamics through landscape spatial pattern analysis. International Journal of Applied Earth Observation and Geoinformation, 18: 329-343.

Rapport D J, Regier H A, Hutchinson T C. 1985. Ecosystem behavior under stress. The American Naturalist, 125 (5): 617-640.

Rapport D. 1998. Assessing ecosystem health. Trends in Ecology & Evolution, 13 (10): 397-402.

参考文献

Su M R, Yang Z F, Chen B. 2009. Set pair analysis for urban ecosystem health assessment. Communications in Nonlinear Science and Numerical Simulation, 14 (4): 1773-1780.

Verburg P H, Soepboer W, Veldkamp A, et al. 2002. Modeling the spatial dynamics of regional land use: The CLUE-S model. Environmental Management, 30 (3): 391-405.

Verburg P H, de Koning G H J, Kok K, et al. 1999. A spatial explicit allocation procedure for modelling the pattern of land use change based upon actual land use. Ecological Modelling, 116 (1): 45-61.

Wang J F, Li X H, Christakos G, et al. 2010. Geographical detectors-based health risk assessment and its application in the neural tube defects study of the Heshun Region, China. International Journal of Geographical Information Science, 24 (1): 107-127.

Wang S D, Zhang X Y, Wu T X, et al. 2019. The evolution of landscape ecological security in Beijing under the influence of different policies in recent decades. The Science of the Total Environment, 646: 49-57.

Wei W, Liu C Y, Ma L B, et al. 2022. Ecological land suitability for arid region at river basin scale: Framework and application based on minmum cumulative resistance (MCR) model. Chinese Geographical Science, 32 (2): 312-323.

Wei W, Nan S X, Liu C F, et al. 2022. Assessment of spatio-temporal changes for ecosystem health: A case study of Hexi Corridor, Northwest China. Environmental Management, 70 (1): 146-163.

Whitford W G, Rapport D J, De Soyza A G. 1999. Using resistance and resilience measurements for 'fitness' tests in ecosystem health. Journal of Environmental Management, 57 (1): 21-29.

Whittaker R J. 2000. Scale, succession and complexity in island biogeography: Are we asking the right questions? Global Ecology and Biogeography, 9 (1): 75-85.

Xu F L, Zhao Z Y, Zhan W, et al. 2005. An ecosystem health index methodology (EHIM) for lake ecosystem health assessment. Ecological Modelling, 188 (2/3/4): 327-339.

Zhang X Y, Qie H T, Yang W J et al. 2021. Assessment of ecological vulnerability of water source in Yongding River based on fuzzy comprehensive evaluation method. EnvironmentalProtection Science, 47 (3): 159-163.

Zhao J Q, Xiao Y, Sun S Q, et al. 2022. Does China's increasing coupling of 'urban population' and 'urban area' growth indicators reflect a growing social and economic sustainability. Journal of Environmental Management, 301: 113932.

绿洲区 生态安全与水土资源优化配置策略